人和顺居

主　　编：熊清华　蒋高宸
作　　者：杨大禹　李　正
执行主编：杨泠泠
策　　划：尹绍亭

中国最具魅力名镇和顺研究丛书

云南大学出版社

国家自然科学基金重点资助项目
项目批准号：59838280
国家自然科学基金资助项目
项目批准号：50008008
云南省应用基础研究基金资助项目
项目批准号：1999E007Q　1999E003P

和順

保护现存的生态中有价值的东西，

发展新的生态环境和人类居住环境，

是我们的两个实际目标。

——道萨迪亚斯（C. A. Doxiadis）

杨大禹 汉族，1966年生于云南边地腾冲。1988年毕业于云南工学院建筑学专业，1995年毕业于天津大学建筑设计及其理论专业，获硕士学位，现于昆明理工大学建筑学系任教，教授。自参加工作以来，一直致力于云南地方民族建筑与人聚环境的研究，曾先后参与或主持国家自然科学基金、云南省自然科学基金资助研究项目多项，发表相关学术研究论文30余篇。独撰《云南少数民族住屋——形式与文化研究》1部。参与编写《云南大理白族建筑》、《云南民族住屋文化》、《丽江——美丽的纳西家园》、《民族文化生态村——云南试点报告》和《云南乡土建筑文化》5部专著。2004年获“云南省中青年学术和技术带头人”称号。目前主要从事云南地区宗教古建筑、传统民居更新与历史文化城镇保护的相关研究。

李　正 云南腾冲人，汉族，1945年生。1960年从事文化工作，曾供职于腾冲县文物保护管理所所长，副研究员。近十余年来，主要致力于腾冲及周边地区地域文化和考古方面的研究，发表学术研究文章10余篇。

内容简介

本书以广义建筑学原理为指导，运用多学科交叉的研究方法，从建筑学、考古学、文化生态学、规划学、景观环境学等学科相结合的多维视野上，对腾冲和顺乡的历史渊源，居住环境的物质形态、构成特征，建筑艺术、工程技术、人文精神等方面，进行了多角度的分析研究。期望通过大量翔实的、精美的图片，以及我们在研究工作中的深切体验，把典型、优美的和顺乡聚落及其所包含的各种历史文化信息，客观、真实地展现在广大读者面前，以丰富人们对人类聚居生活的认识，从而进一步了解和揭示诸多潜藏于和顺乡聚落、传统民居和其他建筑深层结构中的发展规律，及其浓郁、丰富的地方特色，为可持续发展的中国人居环境建设提供借鉴与思考。本书内容丰富有趣，图文并茂，具有多方面的阅读和参考价值。

照片摄影：李　正　杨大禹
地形测绘：张文斌等
实例测绘：杨大禹　万　谦　李晓丹　陈晓恬　侯福旺　张　麟
建筑学1997年级　孙　悦　谢　辉　陈　倩　张　鹤　刘君琳
江滢涛　陈　颖　陆　韫　蔡　磊　蒋　峰
聂　隽　张知霏　赵庆华
腾冲文管所　段生成
绘　　图：杨大禹　万　谦　李晓丹　陈晓恬　胡云昆
英文翻译：谢光成

Synopsis of the Content

With the generalized architecture principle as guidance, from the multidimensional fields of vision in which architecture, archaeology, culture-ecology, programmed subject and so on combined each other the book applied the research ways in which the varied school subjects overlap, and various angles to analyze and research the historical origins, material forms of the living settings, the component features, the structure art, the engineering technology and the humanistic spirits and so on in He Shun Country of Teng Chong County.

Through a lot of full and accurate, elegant pictures and the heartfelt understanding which we obtained in research work, we hope to show objectively the real typical, graceful He Shun settlement and the various historical cultural information which it contains to broad readers in order to enrich people' s knowledge about the human inhabitation life, and to bring to light many development laws and the strong, rich local characteristics which are hidden in the deep structure of He Shun settlement and traditional local dwelling houses, and to provide the experience for the Chinese inhabitation environment construction of the centurial continual development for reference.

Owing to its rich, interesting content and both excellent pictures and texts, the book is worth reading and referring to in many aspects.

总序

熊清华

2005年的保山好事连台。其中，因为中国人民纪念抗日战争胜利60周年的活动，因为这块土地在那场战争中的特殊地位和贡献，使更多人把目光投向这里，国内外媒体也把焦点集中到这里。而和顺在中央电视台魅力名镇评选活动中，以其优越的自然环境、古老的中原文化与西南少数民族文化和谐共处，与外来的南亚文明碰撞、融汇所体现的中华文化的博大和宽容，以及在滇缅抗战中的重要地位和作用，继入选“中国十大魅力名镇”之后，又以高票荣膺“中国十大魅力名镇”榜首，夺得唯一的“中国魅力名镇展示2005年度大奖”，再度成为国内外关注的焦点。

和顺是面向南亚的第一镇，有两千多年历史，连接中印两大文明古国的南方丝绸之路穿越和顺；和顺是火山怀抱的休闲圣地，17平方公里的和顺是国家级风景名胜区，四季如春，温泉、矿泉资源丰富，是人们生活和休闲、旅游的圣地；和顺人世代从大山里出国闯荡，以大马帮为连接中、印、缅的主要交通工具，产生了翡翠大王、棉纱大王等一大批雄商巨贾，形成了亦商亦侨、亦农亦儒的生存方式。和顺古老的民居建筑和淳朴的民风、传统的民俗，经历了六百年的风风雨雨而奇迹般地保存到现在。在和顺既可以领略徽派建筑的粉墙黛瓦的神韵，又可以欣赏江南古镇小桥流水的身影，也可以看到西方建筑、南亚建筑的元素。寸氏宗祠的南亚风格大门、艾思奇故居的欧式窗户、“弯楼子”民居的英国铁艺，都与“四合五天井、三坊一照壁”这样的云南古民居恰到好处地融为了一体；洗衣亭、大月台、总大门等古建筑在全国古镇中独具特色；八大宗祠保存完好，族谱和宗族活动流传至今；七大寺庙，佛、道、儒共存；六百年历史形成了大量诗词、牌匾、对联、著作，养育了哲学家艾思奇、缅甸四朝国师尹蓉、教育家寸树声、华侨领袖寸如东等一大批名人；和顺六千居民和谐生活——洗衣亭下捣衣的村妇、乡村图书馆读书的农民与和顺人田园牧歌式的生活，共同构成了“活着的古镇”。

近几年来，随着和顺知名度的提高，对和顺的关注也越来越多，从各个角度书写和介绍和顺的书籍册子也不少，而《中国最具魅力名镇和顺研

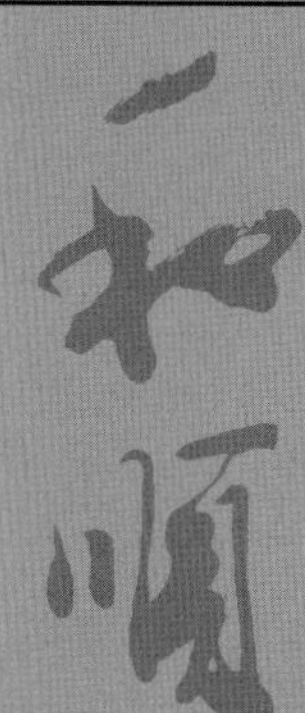

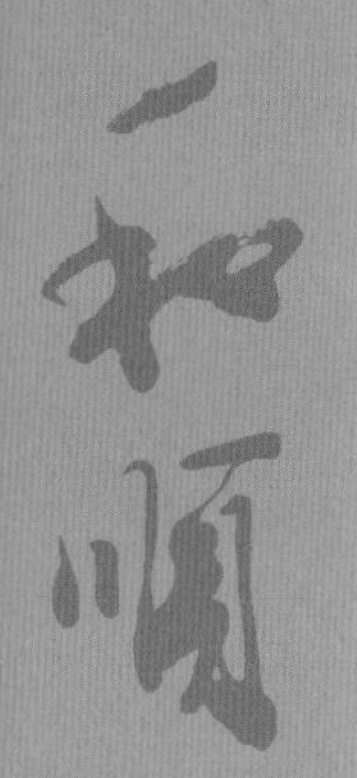

究丛书》首次推出第一部的三卷著作，则从历史、环境、建筑三个角度，与建筑学、考古学、文化生态学、景观环境学等学科相结合，多维视野地对和顺的历史渊源、演变发展、居住环境、工程技术及其相关的人文精神等进行了多维细致分析和研究，并通过大量翔实、精美的图片，把典型优美的和顺村落环境、建筑及其所包含的各种历史文化信息，客观、真实地展现在广大读者面前。

在第一卷《历史和顺》中，作者从历史角度，对经历了六百年风风雨雨的和顺侨乡的历史渊源、演变、时至今日的现状格局，作了较为全面、系统的分析阐述，其中有考古发现，有对文献史料的考证，有明代屯田戍边军户和后来演变发展为和顺乡寸、刘、李、尹、贾、张、赵、许、钏、杨十个大姓关系的分析，有现存的和顺乡人仍然保存的风俗民情，还有结合和顺乡在历史演变发展过程中，因人多地少而形成的村落环境格局，以及长期形成的世代和顺人外出经商、谋求发展的生存之道和观念习俗。

在第二卷《环境和顺》中，作者结合和顺乡村落的现状格局，从规划学和建筑学的角度，对和顺乡的村落环境、田园风光，和顺乡村落的聚居特性，和顺乡村落的盆地进行研究，分析了和顺乡村落形态构成要素、构成特点和构成意象，包括村落体块组成、街巷道路结构、集市广场分布以及各种村落环境观构成等等，还分析总结出了形成和顺侨乡村落构成的具体原因，其中包括受和顺乡村落的环境容量限制，导致和顺人为了生存发展而出外经商的辛酸历程，客观地论述了和顺乡人在营建自己生活居住的家园时的理想追求，一是对已有自然环境的巧妙借用；二是在后期的人工环境创造时的有机处理，从而构成一个环境优美、地域特色鲜明的聚居环境和生活模式。

在第三卷《人居和顺》中，作者紧密结合所掌握的专业知识，从建筑学的角度，对构成和顺乡村落环境的物质要求，诸如大量的民居院落，展示居民宗教信仰的寺庙建筑和宗教祠堂，还有标志和顺乡村落环境观特色的图书馆、闾门牌坊、月台照壁、桥梁水井、洗衣亭等众多的文化性和标志性建筑，从建筑空间造型构成组合、室内外装饰技术和艺术，以及其所包含的建筑文化内涵等方面，结合着测绘实例作了详尽的分析和论述。特别是对和顺乡合院民居的平面组合体系的空间特点、结构构架、建筑材料、建构技术，及其相关的居住生活习俗、审美追求、价值观念等，也进行了深刻的对比分析。

通读丛书第一部的三卷著作，可以清楚地看到作者由整体到局部、从技术到艺术，从而层层剖析的娴熟技艺和学术水准，其涉及的内容广泛、丰富而有趣，不但有专业的理论分析，也有地方风俗民情和人文介绍。因此，我可以负责地说，这三卷著作都是人们了解、研究和顺的最好向导。

在当今这个世界一天一天变得单一和模式化的时候，我们特意向大家推荐边陲保山市腾冲县最具魅力的和顺，同时特别编辑和推荐这套《中国最具魅力名镇和顺研究丛书》。相信真实的和顺与书中的和顺都能让你心灵有所触动，享受到别样的体验与愉悦。

值此机会，我们还要真诚地邀请有关同仁加入到和顺研究和著述和顺的队伍中来，使这套丛书绵延不断。

是为序。

二〇〇六年二月十六日

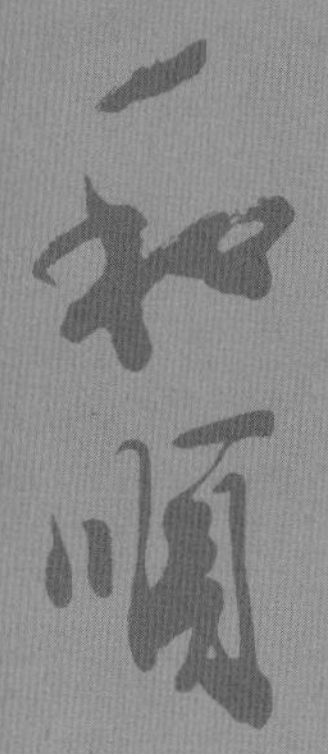

前言

蒋高宸

本书开篇叙述了一座城市，这座城市，象征的看，就是一个世界；本书结尾则描述了一个世界，这个世界，从许多实际内容来看，已变为一座城市。

——刘易斯·芒福德《城市发展史·序》

我在开题之前引用了刘易斯·芒福德那段关于一座城市是一个世界，一个世界是一座城市的话，目的是想告诉读者，我们也把聚落看成是一个世界，一个有生命的世界。像其他所有有生命的有机体那样，聚落这个有生命的世界，自有其生长、发育、成熟、衰老、再生的生命过程。

为了使我们对当今面临的、以实现可持续发展为目标的我国城乡住区环境建设任务有完整的认识，而且找到一种既能体现时代特色和满足发展需要，又能切合各地实际的地区性建筑、村镇和城市的发展思路，对传统聚落的生命过程进行系统的追溯是不会没有意义的。于是，我们以云南传统聚落为切入点，在民居研究的基础上，试着开始工作。

一、关于云南聚落研究的起步

聚落是指人类聚居的空间形式。如果从一个家屋说起的话，那么，从空间类型上它可以概括地划分为建筑、村镇、城市等三个层次。它们在历史中既顺递出现，到后来又同时并存，彼此间有着不可分割的联系。把它们作为一个整体来进行研究，促进建筑、村镇和城市的共同发展是时代的需要。

由于自然背景和人文背景的特殊性，从远古村落到近代都市，云南实际上存在着一部活的聚落发展史。对于研究者来说，无疑是个巨大的诱惑。为了能全面地认识这部活的聚落发展史，我们把研究对象的时限划定为从远古到近代（按我国习惯，近代的下限为中华人民共和国成立之时的1949年）。

经考古确证，云南是迄今所知我国有人类频繁活动的最早地区之一。在元谋县大墩子发现有新石器时代的村落遗址；在沧源县发现的一批崖画中，保留着一幅远古时期的村落图，不仅形态完整，而且有人物活动的生动场景。这些像是在我们面前打开的窗子，通过这些窗子，使我们可以窥见云南聚落的原始面貌，从而揭示了云南聚落历史的最早开端。

据文献记载，到我国西汉时期，在云南各民族先民中，一部分已进入“耕田，有邑聚”阶段，一部分则还停留在“随畜迁徙，毋常处，毋君长”阶段。这说明当时云南各地方、各民族社会发展的不平衡性。这种不平衡性甚至一直保持到近代，可以说这是云南社会的一大特点。

众所周知，人类生活曾经在游动和定居这两种极端形式之间摇摆不定。这种摇摆在云南存在的时间与我国其他省份比较起来，也许更为长久。这是由上述云南社会特点所决定的。纵观云南聚落的发展，曾经有过三次重大的历史性飞跃，即：第一次，是从游动到定居的飞跃（从而有原始村落的出现）；第二次，是从村落到古代城市的飞跃（可称为古代的城市化过程）；第三次，是从古代城市到近代城市的飞跃（可称为近代的城市化过程）。

汉代在云南建立初郡制，对上述第二次飞跃的出现起了积极的推动作用。保守些说，云南最早的城市乃出现在隋唐之际的洱海地区。而第一个营建城市的高潮是由南诏掀起的。著名的太和城、阳苴咩城（今大理城），拓东城（今昆明城）、惠历城（今建水城）等一大批古城的建立，开创了云南城市发展的先河，为以后云南城市的发展奠定了重要的基础。到元代，云南滇池－洱海地区的一些主要城市，已达到了当时中原地区城市所达到的发展水平，并具有自己鲜明的特色。例如，与所处自然山水的融合、自由的平面形态、繁华的街市景观、安适的家园环境、精美的城市标志性建筑等。

从明代到清代初年，出现了第二个营建城市的高潮，府、州、县各级治所所在的城市，纷纷旧貌换新颜。规模宏整的砖砌城墙、雄踞城门高处的城门楼以及教化性、宗教性等各类大型公共建筑的大量修建，既极大地丰富和强化了支撑城市空间的物质骨架和文化骨架，也极大地开拓了城市

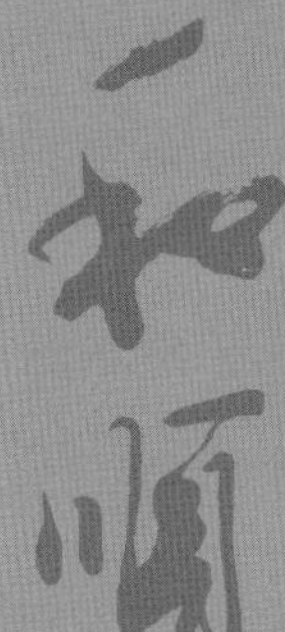

居民的物质生活空间和精神生活空间。

城市数量的增加，规模的扩大，分布地区的更加广泛，是第二个营建城市高潮带来的又一个显著变化。还有一个不可忽视的显著变化是：在城市形态上，更加醉心于追随带有“方形根基”的中原模式，有的甚至不惜为此而抛弃自己原有的优良传统（例如大理城）。其结果反而沦为一般化，倒是坚持了自己传统的那些城市，获得了超越时代的生命活力（例如丽江城）。

二十世纪初叶到四十年代期间，作为省会城市的昆明，由于特殊的历史机遇，带来人口的迅速增长，并拥有了现代的工业、商业、金融业和公路、铁路交通，从而步入了全国新兴城市的行列。旧城的框限被突破，传统建筑发生解体，各式“洋”建筑成为一时流行的风尚。新的工业区、居住区，新的街道景观和大型公共建筑的出现，成为城市发展的新标志。虽然只有昆明一个点，但却代表了云南聚落发展中的第三次飞跃的典型。

以上就是云南聚落发展的一条主线的概况。由于社会经济的欠发达，就云南全省而言，一方面是有一批为数不多的城市在发展，并由于它们的辐射作用，带动了相邻地区村镇的发展，但是在更多地区，特别是边远的少数民族地区，不仅城市稀少，而且集镇也并不多见，村落，甚至是尚未脱尽后进面貌的村落，仍然是云南聚落的主要形式。再者，可以说，村落是城市的雏形，某些后来成为城市构成的要素，原先就已在村落中孕育。从这个意义上说，如果不能透彻地认识村落，也就不能透彻地认识城市。这些就是为什么我们特别重视村落，把它放在一个核心的位置上进行研究的理由。

由于时间跨度大，涉及的范围广，云南聚落研究是一项长远的任务。在目前阶段，我们研究的主要内容及预期目标主要包括以下三个方面，即民族建筑、村镇和古代城市。

（一）关于民族建筑的研究

聚落——无论是村落、集镇还是城市，没有不凭借建筑来塑造自身的形体、展示自身的内涵、实现自身的功能、体现自身的价值的。是故，应当把民族建筑纳入聚落研究中来。

这里所谓的民族建筑研究包括：

●云南各民族传统民居研究

此项研究，重在探索云南各民族民居的起源、历史演变、各类适应性模式的创造及其模式化的机理等。

●除民居之外的云南其他古代建筑研究

除民居之外的云南其他古代建筑，是中原修建经验与云南发展需要的结合，从而形成了自己的地区体系。此项研究重在总结云南古代建筑的历史成就及其地区特征。

●云南各民族传统民居以及其他古代建筑精华的现代应用研究

传统民居和其他古代建筑精华的现代应用，是我们全部研究工作的基本出发点和最终归宿。其目标不应仅局限于对传统建筑形式和风格的传承上面，更全面地说，是要从现时代的需要与各地方具体环境（自然环境和人文环境）条件的结合上，探索导向可持续发展目标的地区性建筑发展的基本思路和可行性建筑新模式。这样的思路和模式，应当关照到空间的丰富、地方资源的再利用，以及日照、通风、隔热、防寒、抗御自然灾害等传统的环境共生技术和经验。这样的技术和经验，是历史遗留给我们的不可多得的宝贵财富。

（二）关于村镇研究

村镇或可称为城市前的城市。我们的此项研究，侧重于两个方面。

●城市前城市的发生学研究

刘易斯·芒福德（lewis mumford）说过这样的话：“城市的功能和目的缔造了城市的结构，但城市的结构却较这些功能和目的更为经久。”“城市的组织结构一旦形成之后，城市的理想形式或原型形式，便十分令人吃惊地很少再有变化。”他的话十分确切地道出了我们在云南聚落研究中得来的切身体验。因而决定从云南的历史实际出发，探索各民族先民摆脱游动、走向定居的历史过程及其在不同的自然和人文背景条件下所创造的不同村落原型——或称不同民族先民心中理想的不同家园模式。这样的村落原型或理想的家园模式的形成，无不有其深刻的生态学、社会学、宗教学、工程学基础。揭示出这些基础，不仅可以丰富我们的历史知识，同时还可以提高我们探索未来发展道路的自觉性。

●传统村镇的更新学研究

云南地处边陲，经济发展相对滞后，传统村镇严重老化。在改革开放起步早、经济发展迅速、人民的生活水平和生活方式开始发生重大变化的那些地区，老化的村镇与现实的需要之间，越来越暴露出尖锐的矛盾。另外，即便是在经济尚不发达的一些边远地区和高寒山区，也因人口的不断增加和环境质量的逐渐衰退，以及人均占有的可利用资源的不断下降，以致满足居住需要的传统手段几乎亦呈难以为继的趋势。这不能不引起全社

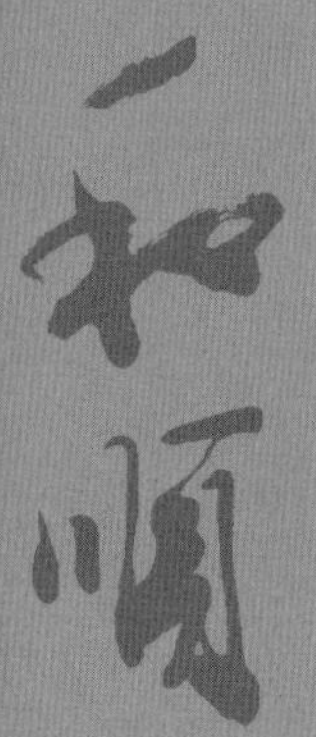

会的严重关注。

众所周知，村镇环境建设是一个地区现代化建设水平的重要标志。应当把村镇环境建设当作造福各民族人民、改造社会、调整全国人口分布的重要杠杆看待，像重视城市建设一样重视村镇建设。

作为高等学校，责无旁贷地应当把传统村镇的更新作为重要的课题来研究，以为各级政府提供决策的参考。

在谋求保护与开发相平衡的前提下，促进边疆民族地区、贫困地区、灾害频发地区村镇持续、健康发展，实现《中国21世纪议程》要求的目标，是我们传统村镇更新研究的基本出发点。

针对不同传统村镇在历史传统、规模布局、产业结构、人口构成、生产关系、建筑功能、建设条件、建设方式、建筑材料、工程技术、能源状况和环境质量等方面的具体条件和突出问题，探索不同的发展对策，在满足下列八个具体目标之下，建立农村建筑学和农村规划学的基础。

这八个具体目标是：

——满足农村经济发展的需要；

——满足改善农村居住环境质量的需要；

——满足保护自然生态环境的需要；

——满足保护民族文化特色的需要；

——满足发展农村文化教育，促进精神文明建设的需要；

——满足抗震防灾的需要；

——满足改善供水排水、能源、交通等基础设施的需要；

——满足节约土地，降低造价，充分利用地方资源和优秀传统建筑技术经验的需要。

（三）关于古代城市研究

云南古代城市，由于受到当时社会、经济等条件的制约，在其规模、数量和地区分布密度等方面，都难于与先进省份相比，但是却具有自己鲜明的特色，特别是被列为国家级和省级的那些历史文化名城，向来受到国内外学术界的关注。它们不愧是我国古代城市百花园中的朵朵奇葩。系统地追溯其历史发展的经验，对于选择未来云南城市发展的方向、道路，可以大有裨益。对云南古代城市的研究，拟侧重在以下两个方面。

●城市定位和生长的古代范式研究

由于云南城市发展的基础十分薄弱，完善的城市体系至今尚未形成，在一定程度上对云南的经济发展造成不利影响，因而改县为市，扩大具有城市规模的积极性颇高。怀有这种积极性是可以理解的，问题在于不能用拔苗助长的方式来发展城市，正确的道路应该是积极创造城市发展的条件，让其瓜熟蒂落。把云南古代城市的定位、生长作为重点研究课题，意在针对城市未来发展的需要，使对古代城市的研究具有现代的特色。

●云南古代城市的空间、环境、秩序和意义的研究

此项研究的目的在于发掘云南古代城市的特色所在，以作为保护古城、发展新城的依据和参照。

二、关于聚落研究的理论框架

综合性是聚落本身所具有的基本特征，包括人、自然、社会的综合；功能和结构的综合；人的居住行为和构筑行为的综合以及物质形态要素和非物质形态要素的综合等等。这就决定了聚落的研究也必定是综合的研究。即是说，应当从以建筑学、规划学、文化生态学为中心的多学科结合的广泛视野上，忠实、深入、系统地去挖掘那些目前尚未被认识，仍然潜藏在传统聚落深层结构中的有关其形成、发展、演化的普遍规律和地区特点，以丰富我们对于人类聚居的认识。我们姑且把这样的研究称为广义聚居学研究。广义聚居学研究是吴良镛院士率先提出的广义建筑学原理在聚落研究领域中的具体应用。

基于以上认识和云南的具体情况，为有效地进行云南聚落研究，我们构想了一个作为研究工作可以实际操作的理论框架。

该理论框架的要点，概括地说，是一个整体、三个层次。所谓一个整体，即将传统聚落与人类谋求生存、发展的全部活动视为一个整体；将传

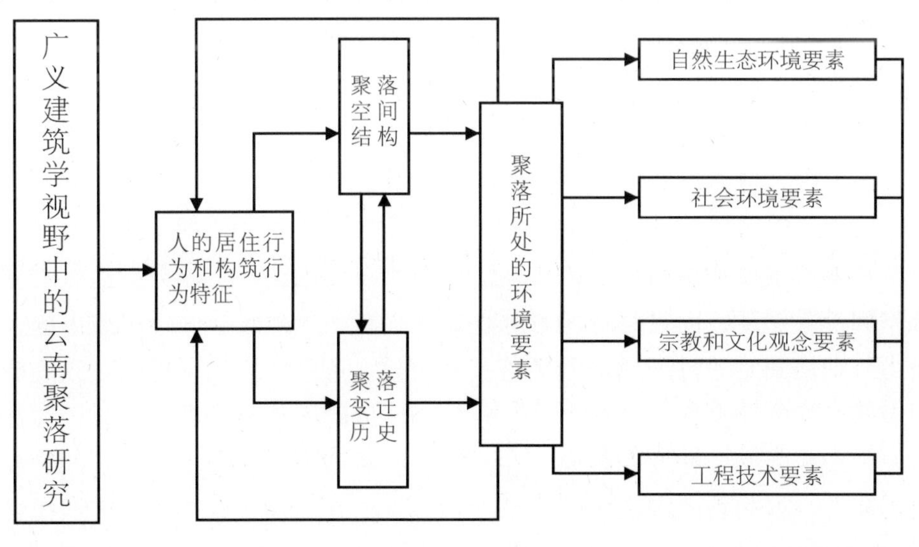

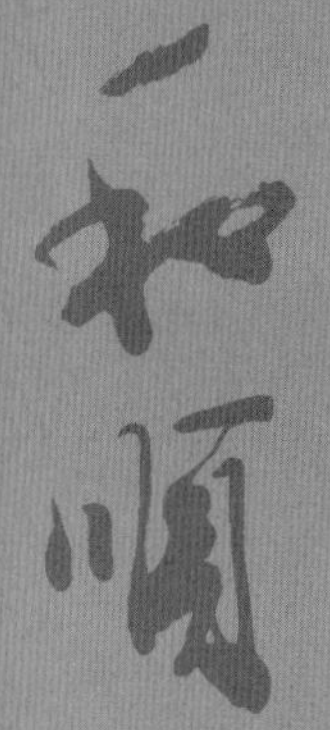

统聚落与其所处的自然生态环境和社会文化环境视为一个整体。所谓三个层次，即将传统聚落研究分为人的行为特征、聚落的空间结构、环境的基本要素等三个层次进行。

（一）聚落空间结构是聚落研究的中心内容和基本根据

从建筑学学科领域思考，作为载体的聚落空间结构当是聚落研究的中心内容和基本根据。离开了这个中心内容和基本根据，聚落研究将无门进入。

聚落空间结构，研究包括聚落空间布局、层次结构、构成要素及形态特征等方面的研究。并以从功能目的出发的环境的选择和微生态结构的利用，作为客观评价的准绳。

通常把聚落空间分解为三个层次，即聚落外部空间、聚落空间和宅院空间等。

聚落外部空间是聚落空间的底景，带有自然的属性，或可称为自然空间，例如平坝、峰峦、沟谷、荒坡、草地、林地等。聚落空间是自然空间的人工化部分，一般称为人工空间，其构成要素如宅基地、道路、广场、祭祀场地、宗祠或庙宇、墓地、生产基地、商业点或集市、教育机构、行政管理机构、边界标志和防卫设施等。宅园空间是聚落空间的重要构成部分之一。其构成要素如睡眠、进食、休息、娱乐、祭祀礼仪、人际交往、家务劳作、储藏、饲养、栽培、学习等。

在对聚落空间作了三个层次的划分之后，已不难明白，聚落空间研究，既要关照到自身各要素和各要素之间的地位与关系，还应该关照到聚落空间与聚落外部空间和宅院空间之间的地位与关系，以及进一步关照到一个聚落与同一地域内的其他聚落之间的地位与关系，以便获得聚落空间的完整概念。

鉴于聚落空间结构在历史中是动态变化和演进的，需要追踪它的变化和演进过程，这就自然地进入了聚落变迁历史的研究。

关于聚落变迁的历史，常常表现出阶段性和变化性两大特点。

在聚落发展的每一个历史阶段，一般都有作为这一阶段典型代表的聚落空间模式出现，而且具有相对的稳定性。在一个地区或一个民族中间，当由游动转向定居时所始创的聚落空间模式，可以称之为该地区或该民族的聚落空间的原型模式，一个地区或一个民族的聚落空间原型模式，往往带有“理想家园”的性质，而且在一个地区或一个民族中间，保持的时间最为长久，对后者的影响也最为巨大，应该格外重视对聚落空间原型模式的研究。

为适应变化了的时代特点和发展需要，聚落空间常常面临着重构的任务，因有重构便带来聚落空间的变化。这种变化既有渐变，也有突变，随机性很大。个体间常有差异，需针对具体对象作具体分析。

（二）聚落空间莫不是人的行为的空间，对人的行为及其空间要求的研究是聚落空间研究的要害

由聚落空间所包容的人的行为，可类分为居住行为、社会行为、经济行为、宗教行为、游戏和娱乐行为等。

——社会行为，包括群体的集聚和管理、生育和婚姻、人际的交往教育、安全防卫等等行为；

——经济行为，包括以物质生活资料的摄取为中心目的的生产和交换行为；

——宗教行为，包括各种祭祀和礼仪行为；

——游戏和娱乐行为，系指周期性进行的群体游戏和娱乐行为。

以上四类行为的内涵、对空间的要求以及给予满足的方式，因时代和文化的差异以及聚落的等位不同而不尽一致。

（三）人的行为都是对所处环境的刺激的反应，对环境要素的研究，是聚落空间研究的重要基础

由于地理纬度和海拔高度的双重影响，云南的自然生态环境复杂多样。按农业区划的标准，云南全省大致被分为三层六区。

云南宗教种类之多，堪称全国之冠。其中尤以少数民族中的各种原始宗教、南传上座部佛教和藏传佛教的影响最为深远。在从游动走向定居的历史大转变中，宗教发挥了“磁性中心”的巨大作用。尔后，也是宗教的约束，提供了一条巩固定居、通向聚落发展的道路。此外，我们还特别关注在各种原始宗教信仰基础上所形成的不同的禁忌体系和占卜体系对聚落发展的控制作用，尤其是那些以宗教形式表达的原始生态观念的深远历史价值。

对汉族移民社会来说，宗教观念已走向淡化，宗法礼制观念成为主体信仰，并以“风水”作为实际修建活动的指导。

与长期历史积淀有关联的、对环境认同的民族文化心理，在聚居地的选择上所发挥的效应具有特殊的认识意义。

鉴于工程技术对聚落的建设和发展在一定程度上起着推动或迟滞的作用，故而把它作为一个重要要素来看待。诸如建筑材料资源的开发与利

云南农业类型划分表

分区		海拔（m）		面积		≥10℃的积温	地理、气候、物产特征
		西部	东部	平方公里	占全省面积%		
高寒层	山区	2500以上	2300以上	7.1万	18.4	3000℃	地势高峻、气候严寒，以林业、畜牧业、药材为主，粮食主要为青稞等耐寒作物
	坝区			1万多			
中暖层	山区	1500~2500	1300~2300	19.7万	54.0	3000℃~6000℃不等	气候为亚热带、暖湿带等类型，大部分地区降雨适中，农业生产水平高，主产水稻、玉米、小麦、蚕豆等粮食作物及油料、烤烟等经济作物
	坝区			1.6万			
低热层	山区	2500以下	1300以下	10.1万	27.6	6000℃~8000℃	气候主要属于南亚热带和热带类型，除干热河谷外，降水充沛，热带动、植物资源丰富
	坝区			0.67万			

1. 海拔西部、东部的划分，系哀牢山及云岭山为准。
2. 资料来源：《云南省情》。

用、结构体系和工匠队伍的成熟程度等，不能不列在思考的范围之内。但是，虽然如此，似乎我们更应把它们包括在一个“构筑行为”的概念内来探讨。而这个“构筑行为”是建立在人对环境的反馈和调适能力的基础上的。

关于云南聚落研究的理论框架就介绍到这里，我们是想开辟一小片园地，也准备为此付出自己所能付出的汗水，但不知能否有所收获，因为我们意识到，如果要有收获的话，创造性智慧是不可缺少的，而且是汗水所不可能代替的，而我们所最最缺乏的正好是这个创造性智慧。姑且以此与读者们交流，相信智慧就在读者们之中。

和顺

十人八九缅经商，
握算持筹最擅长，
富庶更能知礼仪，
南州冠冕古名乡。

——李根源

和顺

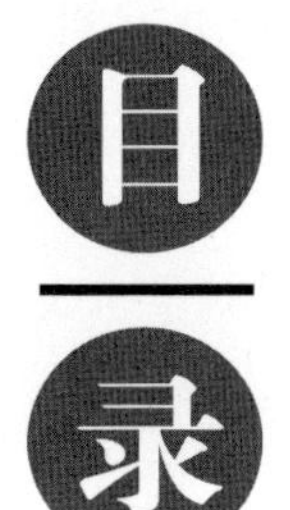

千门万户　聚此一乡

——和顺乡的民居宅院

民居建筑作为一种文化的物质载体，或者说是以一种物质文化的存在形式展现在人们面前，从不同的层面表现出一个地方、一个民族所特有的文化心理结构，包括伦理道德、审美追求、价值取向、民族性格和宗教信仰、起居习俗等方面的深层文化心理，决定了达成某民居形式的方法、行为和技术，最后以各种各样的民居形式，作为物的实体展现出来。所以，民居不仅仅只是一个简单的构架，而是由一连串复杂的目的连缀组成的系统，以空间的语汇直接体现变动的价值、观念意象和生活方式。

一、和顺乡的合院民居

以“木构架”为技术支撑，以“坊”为房屋单位，围绕方形的“天井”做向心性布置，外部用围墙包围起来，具有明显的中轴线和等位秩序的院落和院落群，便是我们常说的“合院式”民居的基本特征。

对于这类合院民居，其存在时间长久，传播地域广泛，在全国各地几乎都能看到它的身影。抽象来看，不论是北方的四合院，还是大理、丽江的“三坊一照壁，四合五天井”，其建筑的平面空间，都是由各坊房屋围绕中空的“天井”和院子构成的，只是中空部分的大小不同，建筑空间尺度、层数的不同，建筑施工质量的不同。其显著特征即是一种内向型、封闭式和轴线对称的庭院组合，常以一种单体模式和构成单元作为一个细胞，可以在横向或纵向叠加和生长，构成群体院落。这种构成原因，一方面是“由于中国的历史长期地处于动荡不安的局势下，在房屋的设计中防卫的意识被一再强调，房屋的外墙或者院落围墙被看做是一种求得安全的需要，门窗并不是可以在周边的墙上任意开启的，因此，担任采光、通风

任务的庭院（天井）就无法消失”[①]。

另一方面则是与中国传统家庭生活方式的凝固化、审美理念的空间化、营造活动的制度化、工艺技术的程式化等等有关[②]。

明初来云南屯田的移民，往往集中分布在自然条件优越的腹心地带或边境的坝区，形成星罗棋布的一座座移民村落、集镇和城市。这些村落、集镇和城市犹如一个个文化“核”，对周围起着较大的辐射作用。

由于历史上形成的民族之间在文化心理上的隔阂和生活方式上的差异，不同的民族很难居住在同一个空间单元内，彼此的距离总是越远越好。于是当中原移民来到云南之后，原住民族往往不肯留下，他们总是要往外搬，搬到那些与中原移民少有接触的山区甚至更远山区等同类的地方，这叫做“汉来夷走”[③]。腾冲和顺就是一个由内地汉族移民聚居发展形成的边境坝区，而且这些移民甚至是带着全套汉族的“文化装备”而来的，无疑继承和延续了汉族传统的文化、经济、技术和艺术，尤其是集中反映了汉文化的“礼乐”精神，使之成为后世建筑观念的理论向导，在和顺聚落的后续发展中开花结果。

《礼记·乐记》中云：“乐者，天地之和也；礼者，天地之序也。”“乐统同，礼辨异。”“礼以道其志，乐以和其声。”礼乐的结合构成了儒家思想的核心。在内容上，礼始终以上下、伦理、尊卑等级规定着社会制度的基本标准，建立起一种亲疏有别、贵贱有等、长幼有序的人际秩序。在形式上，礼以它特殊的象征方式，规定着各种礼仪的过程。而乐则是调和各种等级类别之间的关系，通过艺术的形式，把礼的规定变成人们出自内心的自觉意识。因为，乐本来就是人情感的表达方式。

另外，在中国传统建筑中，大到皇宫乃至城市，小至合院民居的室内、方位、座次排列，无一不深深体现出礼制观念。同时，这种“礼”制精神还表现在房屋建筑严格的对称结构上，以展现出严肃、方正和井井有条的布局形式。现今的和顺乡合院民居，其空间格局所展现的就是这种“礼”制精神在边地聚落中的一种反映。

二、合院的平面组合体系

根据实地调查测绘所知，和顺乡聚落现存的合院式民居，多为晚清和

---

① 李允鉌：《华夏意匠》，第86页，中国建筑工业出版社，1995年版。
② 蒋高宸：《建水古城的历史记忆》，第155页，科学出版社，2001年版。
③ 蒋高宸：《云南民族住屋文化》，第51页，云南大学出版社，1997年版。

民国时期所建，有平房也有楼房，清代晚期的建筑风格保存得较完整。

从建筑空间平面的构成组合来看，和顺乡合院民居可类分为基本型与扩展型。而这两种类型则又由一些构件单元按照一定的规则、方式进行拼连组合，并形成一系列的有机平面组合体系。

（一）合院民居构成单元

合院式民居根据各家的经济、家庭结构、占地情况，其规模有大有小，但不论是规模大小，也不论是普通民居还是富家院落，它都是一个有序的空间组合体。一般来说，由“间”组成“坊”，再由“坊”围合成“院”，“院”与“院”的联合形成“群落”。一个院落按照其周边领域所属，用围墙把空缺处加以围合，就构成一户封闭的合院整体。

“间”由四根柱子形成，仅作为一个空间度量单位，很少独立存在。由“间”组成的“坊”在平面组合中是一个独立的基本构成单元，在民居中一般为面阔三间、进深五架；由“坊”组成的“院落”，则是民居中基本的组合体，分“三合院”、“四合院”等几种类型。

和顺乡合院式民居一般由以下一些基本构成单元来进行组合：

（1）正房：是合院院落内的主体建筑，其面宽为三开间，也有少数为五开间、七开间的，前面带廊子，左右两山连接护耳。正房明间为堂屋，供奉天地、祖宗、灶君牌位，常用于接待亲友和客人。设有二扇或六扇格子门，后面开设倒座和后花园，同天井一样置花台、盆景或栽树；两侧次间为卧室，卧室又分隔成前后两间，两边由山墙围护。

（2）厢房：建于正房前一侧或两侧，开间和进深均小于正房，一般为两开间，少数为三开间或单间。分为有天沟和无天沟两种吊厦式楼房，是仅次于正房的重要性功能房间。

（3）花厅（又称过厅）：建在正房对面，三开间面宽与正房相同，有平房和楼房两种，明间中间设屏障，屏障两侧对称开门，可以穿行进到前面的花园中，兼做日常的随机待客、活动处，前后带檐廊或只有一面带檐廊。

（4）倒厅（或称倒座）：与正房相对而设，朝向与正房相反，进深较小，处于下位的辅助性用房。

（5）照壁：实际为外部围墙的一部分，因有较高的观赏要求，故在院内的一面作重点装饰处理。

（6）入口门道：包括入户大门和门前、门后的缓冲空间，大门有随墙门、塑花门、浮雕和独立式门楼几种。

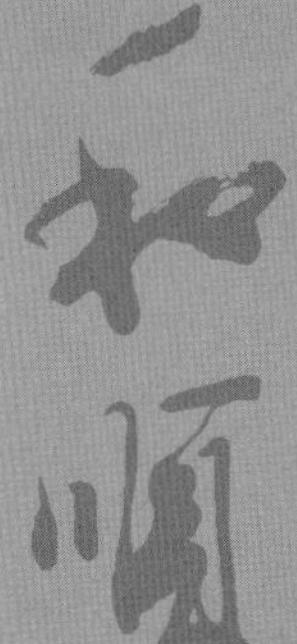

（7）围墙：界定和围护宅基地范围内的墙体。

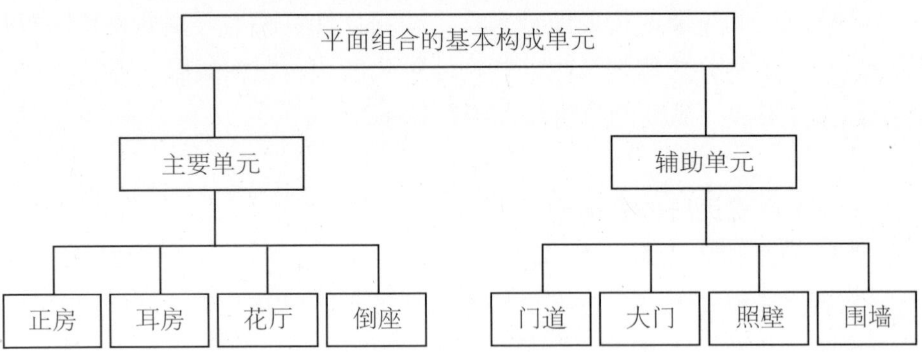

和顺乡合院民居的平面形式，便是以上述这些基本构成单元的不同组合来实现的。各构成单元仿佛像建筑模式语言中的标准通用词汇，不同的运用、不同的搭配可创造出多种变化，这种建立在标准化基础上形成多样化的设计概念，正是和顺合院民居展示出的灵活性以及早期建筑匠师的创造性。

（二）平面组合的基本型

和顺合院民居平面的基本组合体有三种形式，即“一正两厢”、“四合院”、“一正两厢带花厅”。组合成这三种基本形式的各种空间构成要素，都保持着一种稳定的、有机的整体结构关系，无论其规模、尺度如何改变，这种整体结构关系的严整式组合都不会有大的改变。比如，大多数住家院落都采用“满角”式布置，即组成“合院”的三坊或四坊房屋，在转角处均做成连体形式，使正房与厢房紧紧靠拢在一起，一把楼梯同时兼顾二层正房与厢房的上下联系。整个院落除天井和前后花厅外，从外部看“不透一点气”，这种平面异常紧凑，与坡地紧密结合的正房与厢房地面标高保持较大的高差，通向二层的楼梯，常在正房两次间与厢房的夹缝中布置，不失为一种经济、实惠的平面格局。

1. “一正两厢”式

由正房（有时一侧带耳房）、左右厢房和照壁、围墙以天井为中心组合而成。厢房对称布置，有明显的中轴线空间关系。厢房进深比正房次间宽度稍小，前面带吊脚楼浅廊。入口一般设在正房的左边或右边厢房处，于厢房山墙面做随墙嵌贴式大门。靠入口处的一间又常作为厨房，另一侧厢房常做书房或子女卧室。

正房地基一般比厢房高0.7米~1.5米，明间向内凹进1.6米，成为堂屋前的半室内过渡空间，也是一般待客、闲坐闲谈之所。因堂屋中供有天

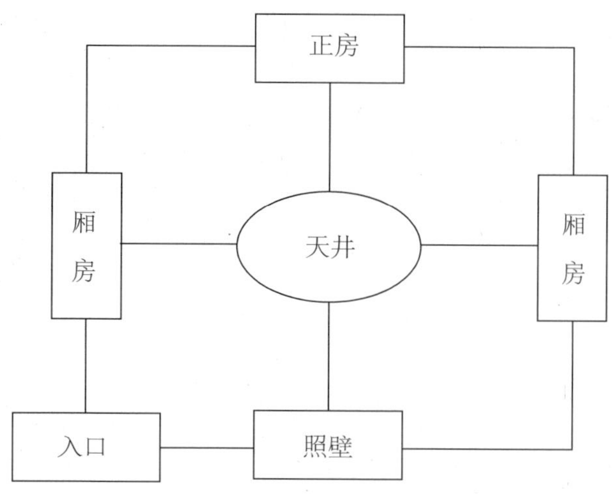

“一正两厢”式平面示意图

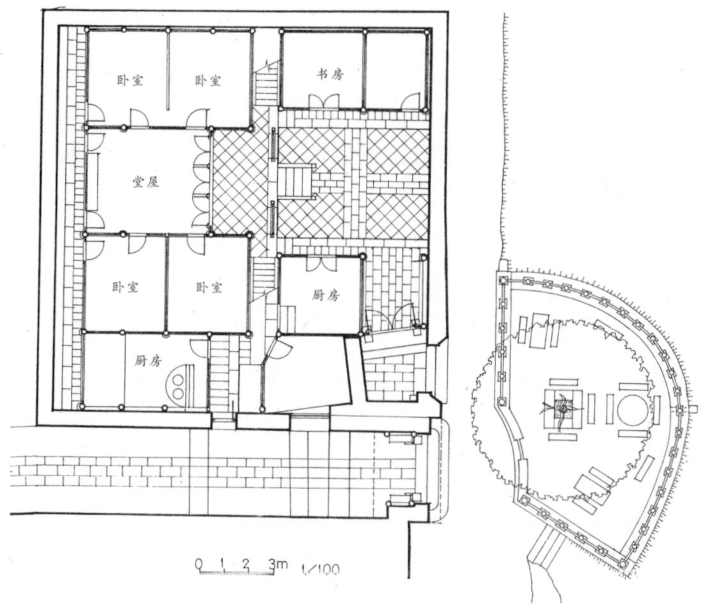

李家巷口李宅“一正两厢”式一层平面图

地、祖宗、灶君牌位，为表崇敬之心，不致喧闹干扰，日常仅开中间两扇门，当地俗称此处为“廊荫客”。一般来客访友，儿童玩耍，非正式的活动、就餐常都在这里进行。正房与厢房间恰好夹置两把上下楼梯，既隐蔽，又方便。二楼一般都空置，或仅放些杂物。

这是一种常见的主流形式，其变体是在正房两山外加设耳房，占地小而规整，小型民居多采用此种形式。

2. 四合院式

由正房、左右厢房和倒厅组成，中央是天井，有明确的中轴线，倒厅

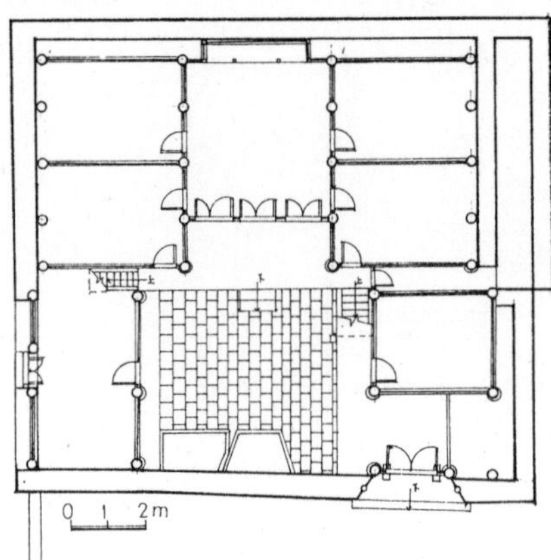

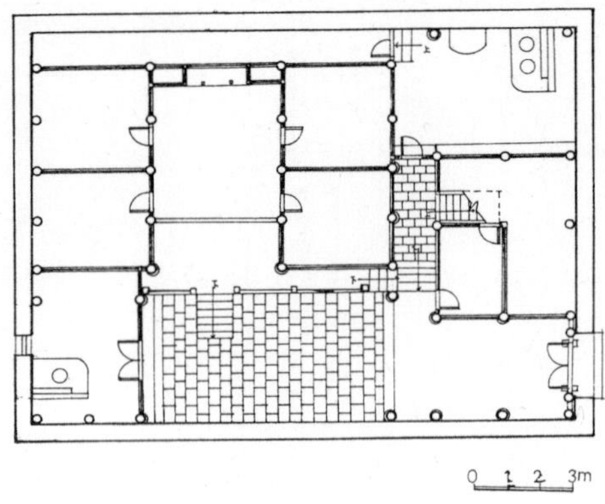

李家巷某宅“一正两厢”式平面图

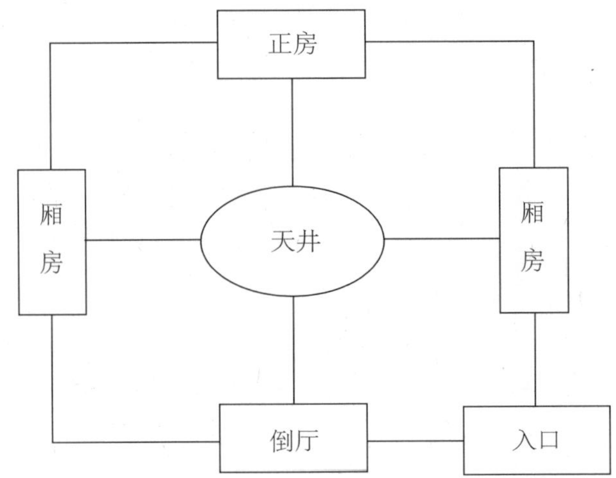

四合院式平面示意图

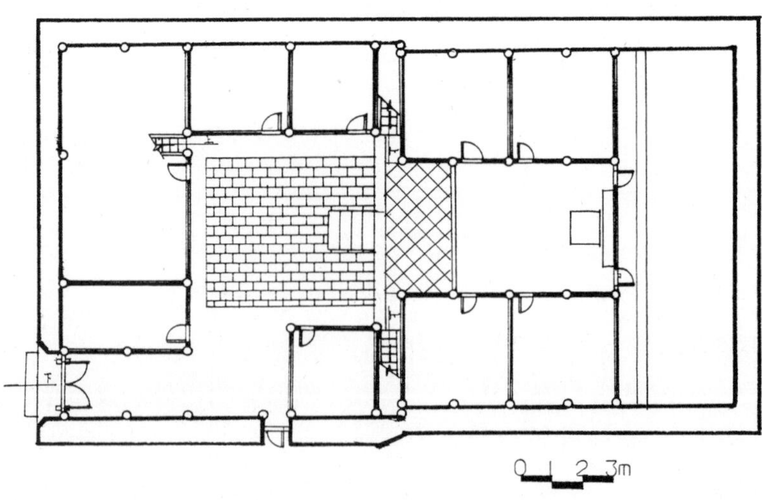

四合院式平面图

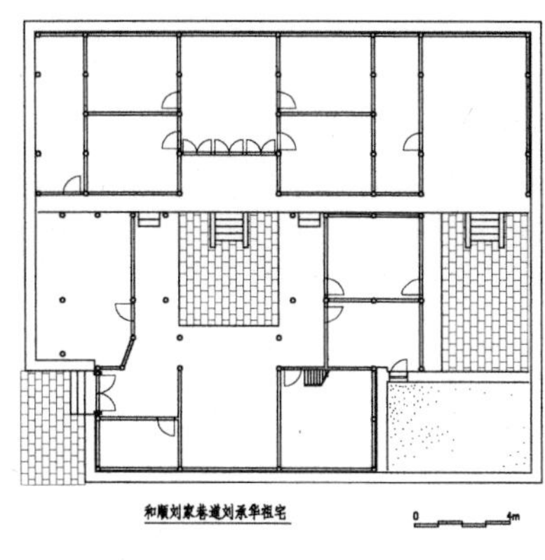

刘家巷刘承华祖宅四合院式一层平面图

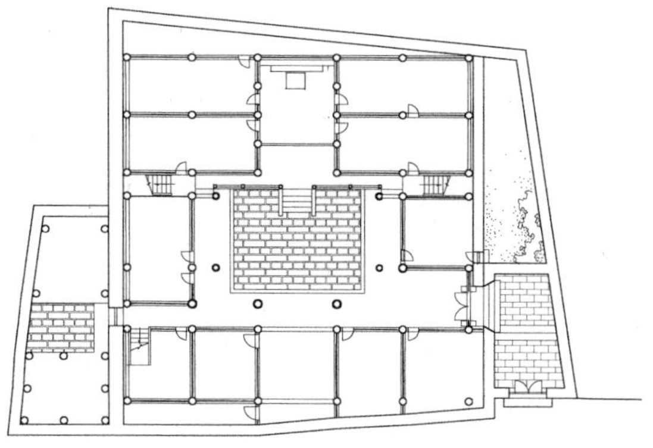

十字路村李宅四合院式一层平面图

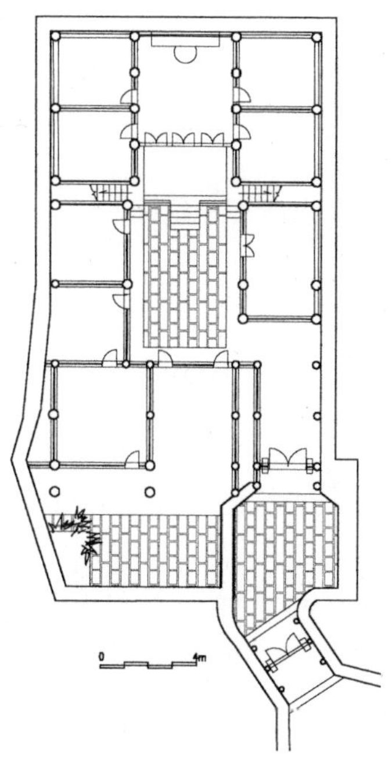

大庄村杨宅一层平面图

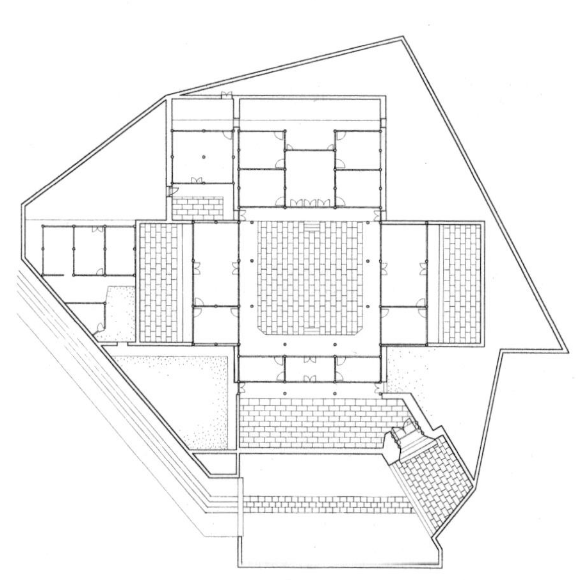

大庄村杨达杰祖宅“四合五天井”式一层平面图，据说该院落按八卦方位选向定基

实际上是正房的反向应用，只是进深尺寸略小于正房，以保持正房的主体地位。入口大门常设在倒厅的左侧或右侧。有些人家用地宽敞，则在此基础上再增设正房、到厅、耳房，形成大型的“四合五天井”式平面格局。

3. “一正两厢带花厅”式

由正房、左右厢房、花厅（花厅前左、右也带一或二个厢房）、照壁、围墙组合而成，中央为主天井，花厅与照壁之间设花厅天井。花厅与花厅天井实际上是一个隐蔽的微型花园，最受书香人家的欢迎，是和顺乡

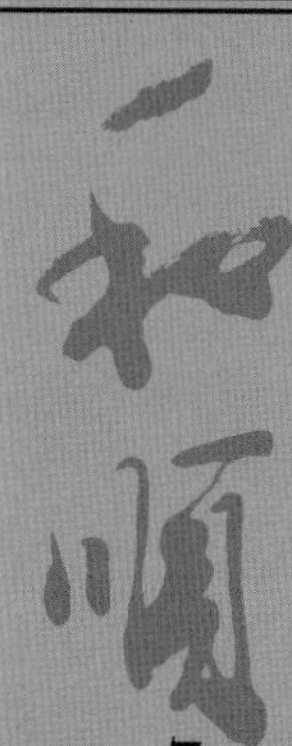

合院民居中的精华和主流形式。入口常设在花厅与厢房相接的其中一侧。

以上三种合院民居平面形式虽方整但不呆板，虽紧凑而不局促，虽格局统一而仍有很多变化，究其原因，天井起了相当关键的作用。这里天井小而长，且连接着大门及门道空间与半开敞的正房堂屋、左右厢房，是合院平面形式中最积极、最活跃的构成因素。

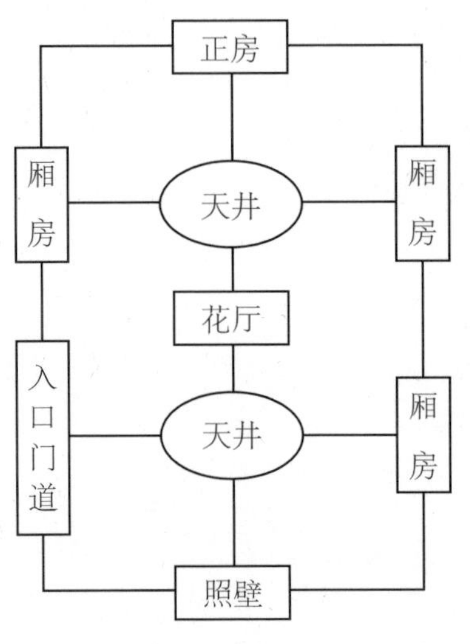

“一正两厢带花厅”式平面示意图

大尹家巷刘声翠家“一正两厢带花厅”一层、二层平面图

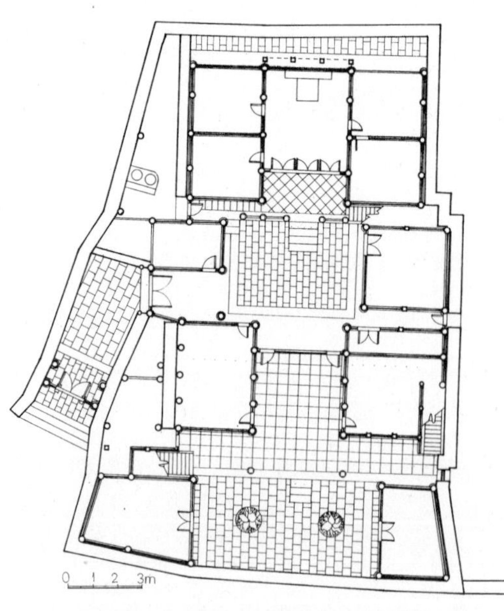

贾家坝某宅“一正两厢带花厅”式一层平面图。右紧邻贾氏宗祠

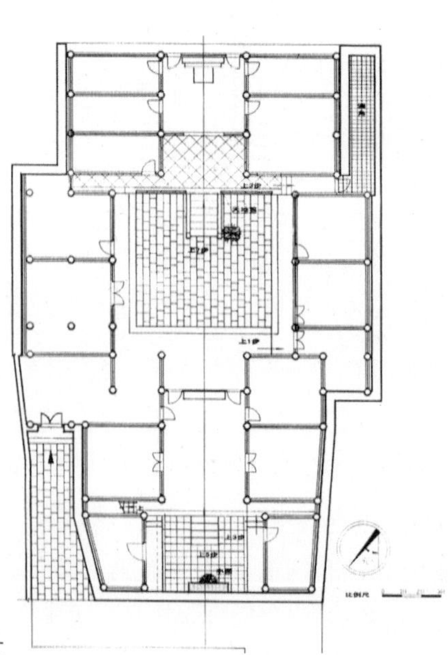

和顺寺脚22号尹敬之祖宅一层平面图

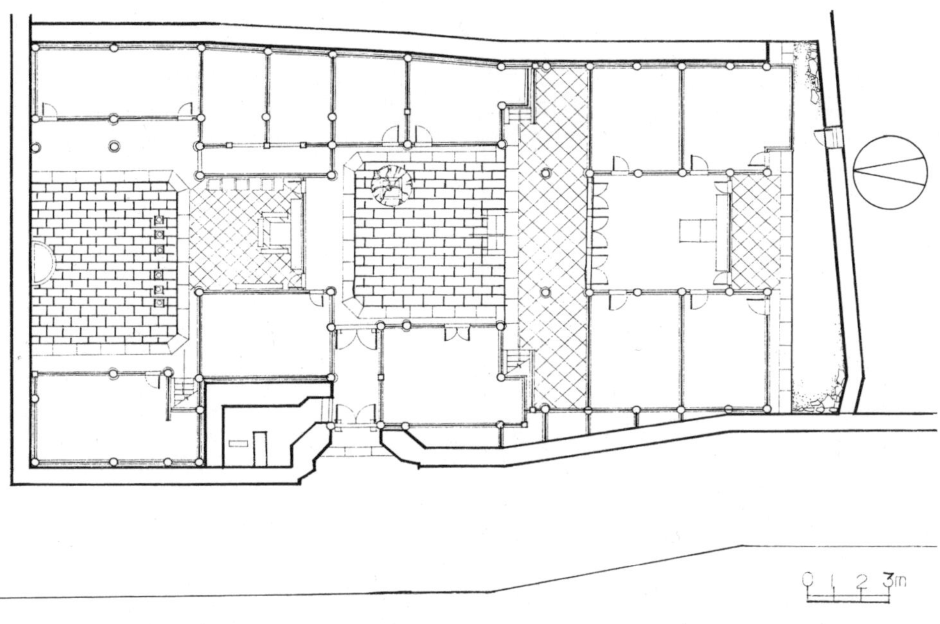

李家巷某宅一层平面图

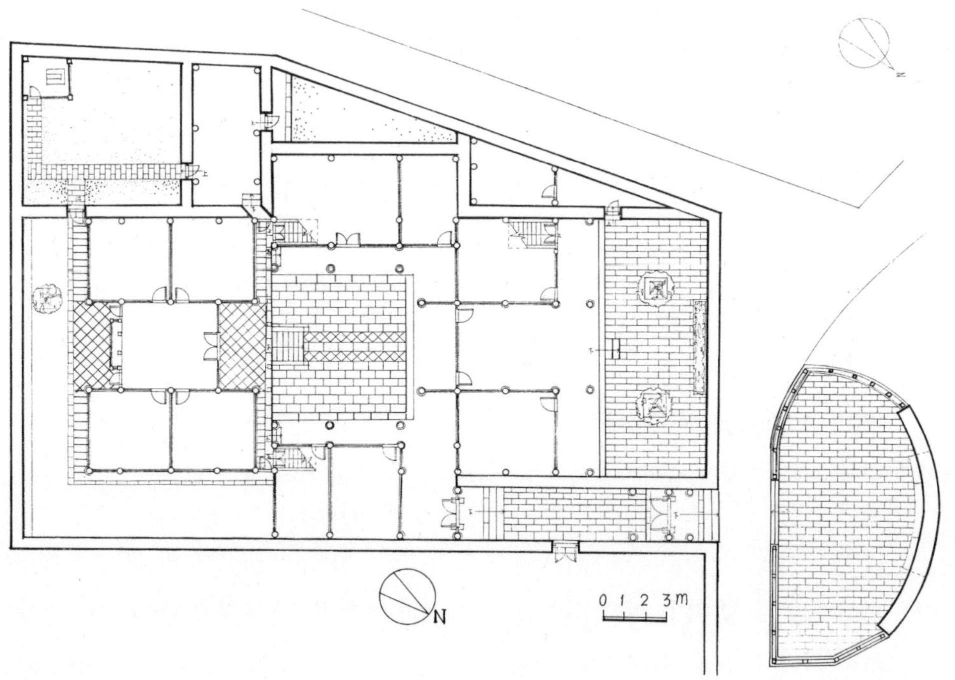

贯家坝张德珩家宅一层平面图。门前特建的月台照壁，显示其住家不同一般的社会地位

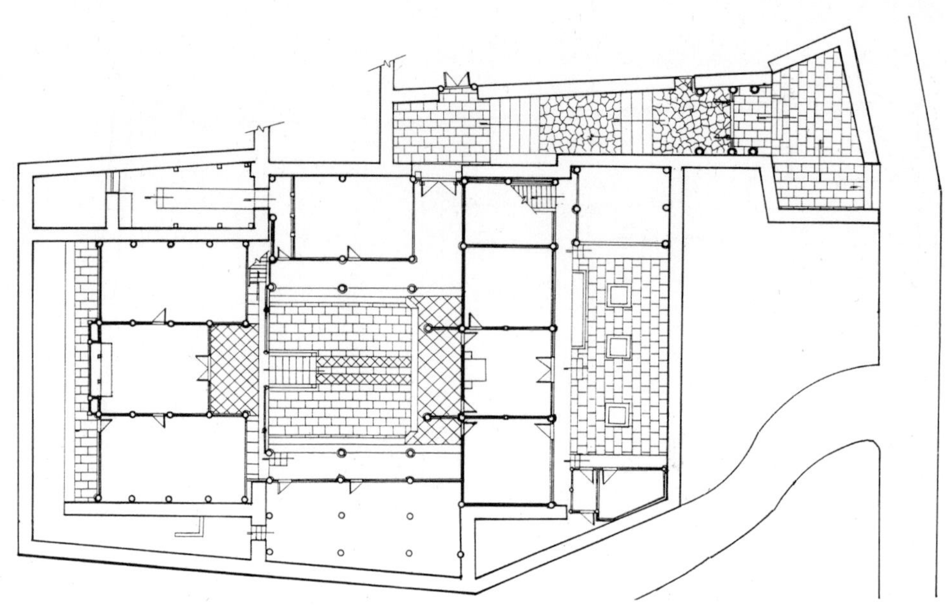

十字路村李宅“一正两厢带花厅”式一层平面图（前有独立式大门与很深的门道过渡空间）

（三）平面组合的灵活性

一种民居的平面模式，要能适应多种功能的要求，不能不做一些必要的变化。对这种变化的适应能力如何，是衡量其民居模式创作价值的标准之一。和顺乡合院式民居，一方面运用标准化的构成单元组合平面，显示出其统一性和规范性；另一方面，在不破坏统一性和规范性的前提下，根据地形和为适应功能变化要求，运用“增量”和“潜代” 的方法，对平面组合做些相应的调整，形成丰富多样的变体，从而显示出其极大的灵活性与广泛的适应性。

用“增量”的方法实现的变体形式，即在花厅下方的花园处，当需要时可在花厅的一侧或两侧增设厢房，在正房的一边或两边增建耳房。

(四）不规则地形的运用

对于周围环境已经形成的不规则用地，当地的建房习俗是：无论其地形如何变化曲折，住宅核心部分仍按典型、传统的“一正两厢”式房屋对称设置，然后把周围附属用房及院落空间，根据用地范围来进行合理的相互拼连组合，使其与环境协调统一。宅基地的形状在风水学说中，以宽平、方正、圆满为吉，以歪斜、破坏为凶。所以在不规则用地上新建房屋或扩展增建时，尽管宅基地不规整，主体建筑、庭院依然要保持方正。按

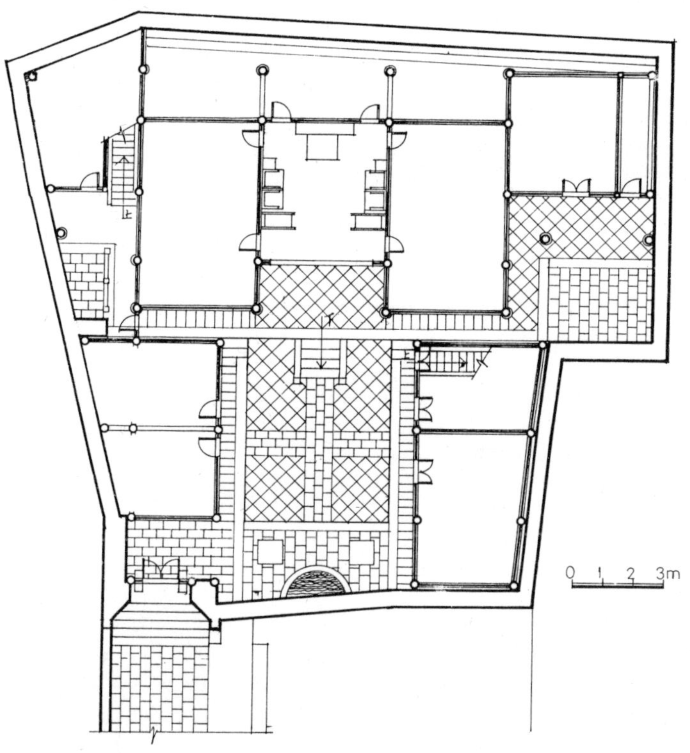

和顺张家坡张雄达祖宅一层平面，属“一正两厢”结合不规则地形布局

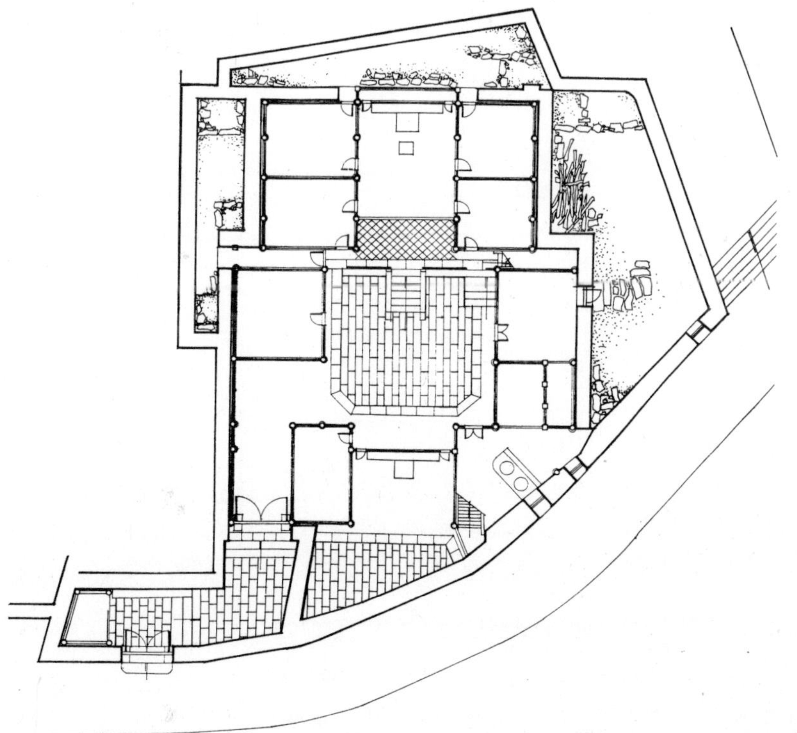

环村路赵姓家宅一层平面，属四合院与不规则地形结合

现代的建筑语言构图来看，沿轴线对称设置，递进的规整院落为正格，而不规则形状的附属用房或院子就是变革，以房屋平面格局的不变应不规则地形的万变。

另外，在传统聚落形态中，由于土地使用权的限定，户主继承或购买的土地规矩、整齐的并不多，于是在设计布局时，往往先用主体建筑占据用地的中央或两侧主要部分，剩余的空间就作灵活的变格处理。用一些基本的构成单元，使主体建筑与辅助建筑有机组合。有时，也将剩余的边角地块结合到村落中的街巷节点空间中，这种对不规则地形的巧妙分割和利用所形成的院落群体，加上地形的高差变化，大大地丰富了建筑单体的外部形体轮廓和街巷的景观层次。

（五）合院民居的扩展型

家庭是构成社会的最小单元，而住宅又是家庭成员日常生产、生活的“庇护所”。从住宅本身形成、发展和演变的历程来看，住宅形式常随着家庭结构的变化、人口成员的增加、经济财力和文化生活的发展而变化。是故，在用地许可的条件下，通常采用一种量变的形式，沿着纵向或横向轴线，用扩展、增建或重新分隔等手段以延续住宅的生命。上述的各种基本构成单元，为其自由的扩展提供了必要的保证。

和顺乡一些深宅大院的合院民居平面形式，正是在前述基本组合体的基础上扩展形成的。其方法就是利用并联、叠加和双向拓展等方式不断地

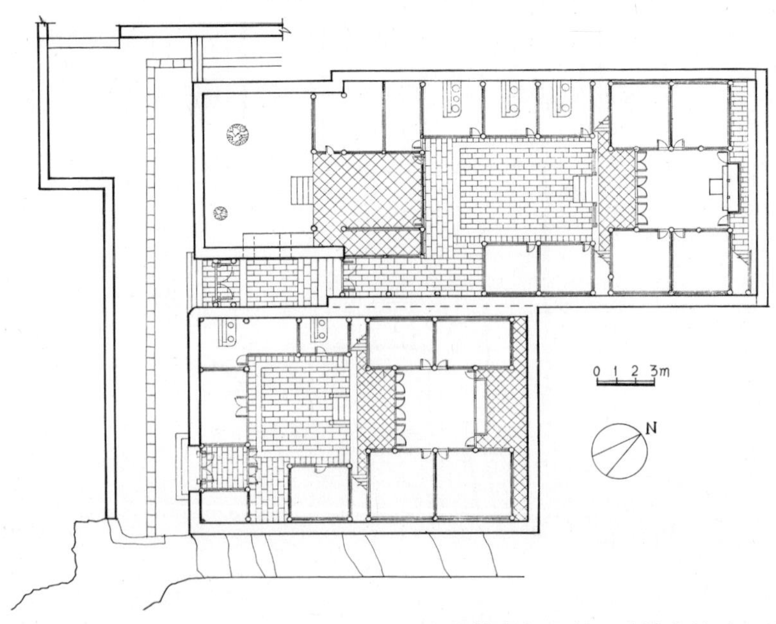

水碓村寸宅两合院型横向拼联一层平面图

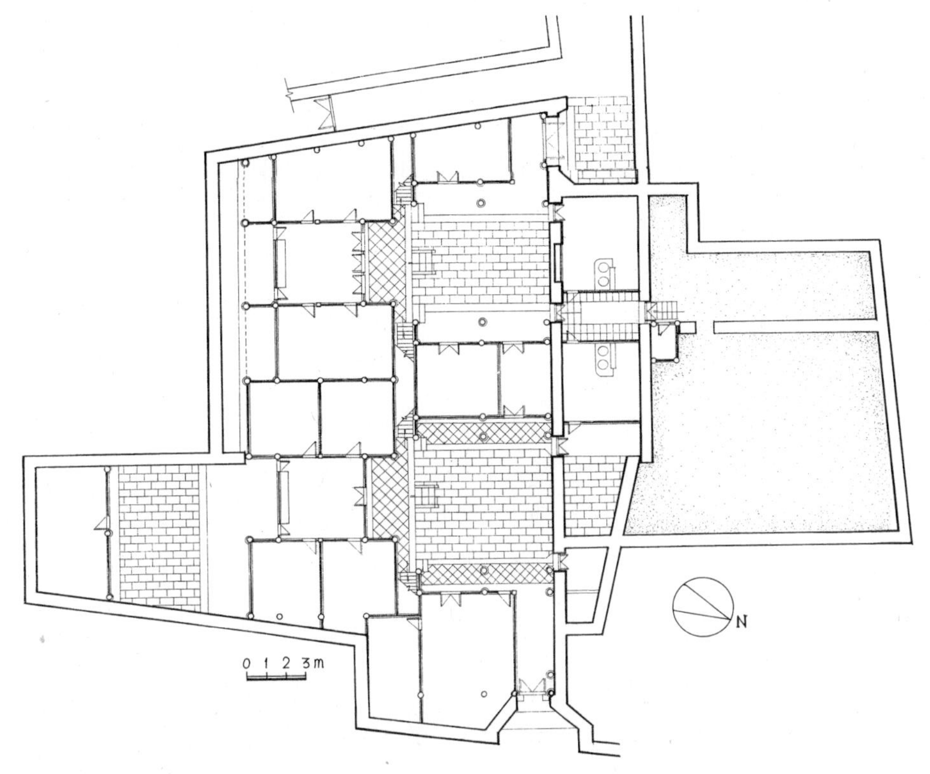

十字路村寸宅一层平面图。“一正两厢”横向拼联，再结合不规则地形布局

重复使用基本构成单元，使平面的基本型像细胞繁殖一样有序地生长和变化，最后形成一组大型的多院落住宅空间。

如果将住宅看作一个有生命的有机体，那么它就存在着形成和发展的过程。实际上，除少数几户有钱人家的房屋院落是一次性建造完成以外，我们今天所看到的许多其他民居院落整体，并不是在一个时期形成的，而是经过后代多次的增补而逐渐完善的。

（六）合院民居的主入口

住宅大门是分隔住宅内部空间和外部空间的界定标志。“宅之吉凶全在大门，宅之受气于门，犹人之受气于口也，故大门名曰气口，而便门则名穿宫”①。

在实际安排处理中，除了要将大门设在面向吉祥的方向外，还要避凶迎吉，导吉气入宅院。传统做法主要采用三种方式：定照壁免气冲；调整大门的方向以对取和收纳好的视觉景观。（于开阔地）用门道过渡空间调整，使大门朝向吉方。

---

①（清）高见南：《相宅经纂·宅有三要》。

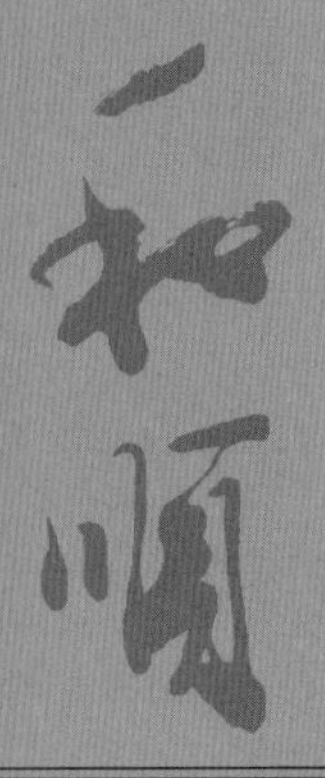

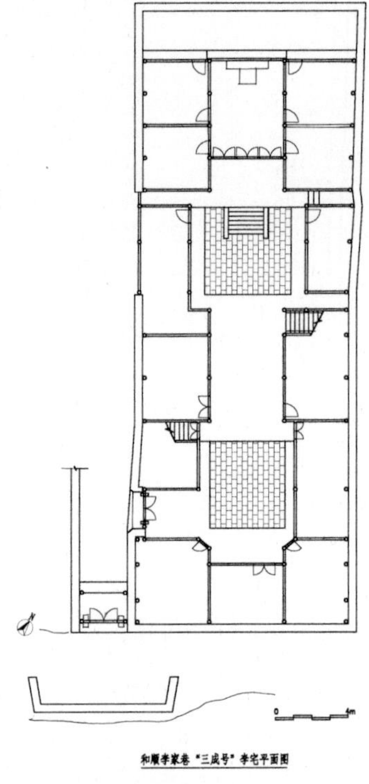

和顺李家巷"三成号"李宅两院纵向叠加一层平面图

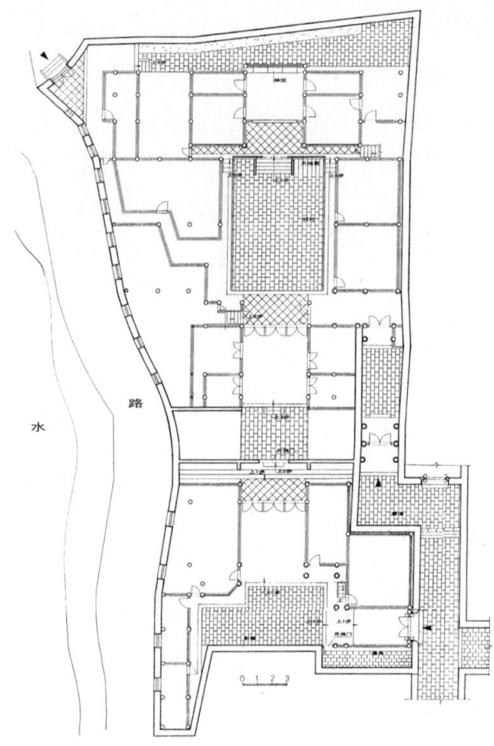

张家坡张炳照家宅纵向叠加结合不规则地形一层平面图

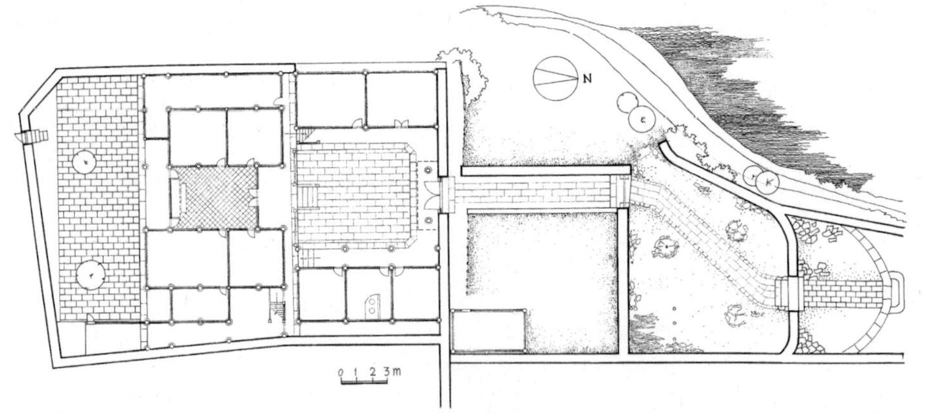

张家坡某宅一层平面图，主体为"一正两厢式"靠河边顺地形而建。入口有门四道，最里一道为居中开设于照壁墙上的倒座门，独此一家

（1）定照壁。这是一种汉族传统聚落常见的入口处理，概括而言，照壁的功能主要是：①蔽陷，避免视线的干扰；②避风，遮挡寒风入室；③防卫，分隔空间使人产生安全感。照壁本身既有空间引导作用，也有对景效果。

在民居的建盖中，住户往往不愿将大门直接正对街巷。当受地形条件限制避让不开时，就设一道照壁墙，墙上门洞开口与大门相互错位。在入户门前形成的自然过渡，使人需要转折二次或三次后才进入住家院内，一般与大门相对的墙就经常做成照壁。

（2）调整大门方向。迎吉避凶是民间传统起房盖屋的首要原则，在住宅院落中，不仅要求堂屋正房要有好的朝向，大门位置也要选择吉向。一是在空间上能取得好的视觉景观，二是在方位上取得有象征含义的方向。

（3）门道空间设置。这方面的运用，往往同上面调整门向结合在一起，一则为了使住户的入口大门能满足所选择的最好吉向；二则当住户入口大门与公共巷道空间关系紧张时，利用门道空间的设置来进行协调，使其二者兼顾。另外，还可避免出现太过于直露的“开门见山”。多数情况下，门道空间设在入口大门外，即便住宅院落主体藏得较深，也利用这一

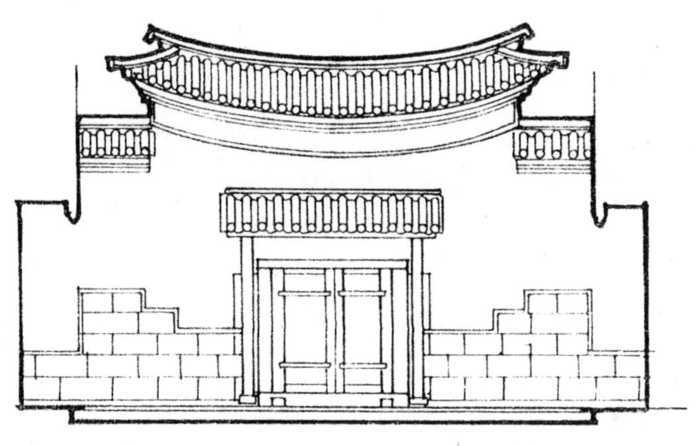

张家坡某宅居照壁正中开设的倒座门

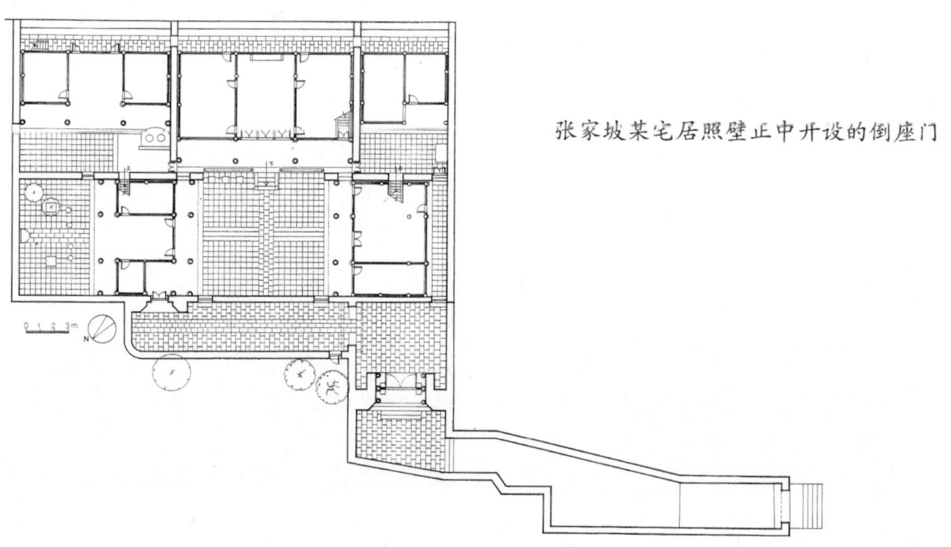

张家坡张仙才家宅一层平面图。该宅入口巷道很深，有独立式门三道，立贴式门道。院中心天井加宽，一边厢房做过厅，带有两边山耳。

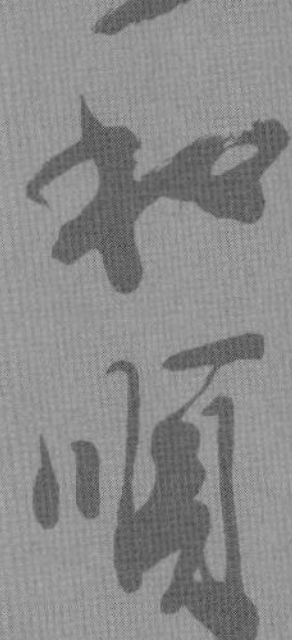

空间来步步引导。如用地宽余，则大门内外均有设置，当少数人家用地或位置特别受限时，或多或少地都要在进入大门后留出一小块地点来转折过渡一下（视线或方位）。

总之，在合院民居中，无论是基本型还是扩展型的平面组合，最终结果都是以实现民居空间的有限增殖和满足不同家庭住户生活需要为目的

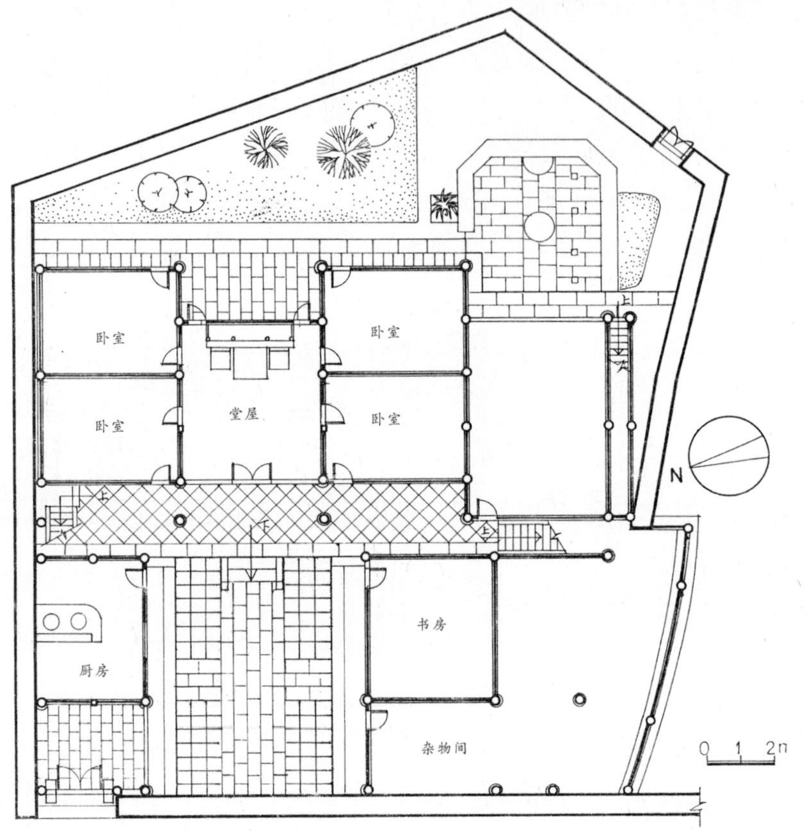

尹家坡尹文和祖宅一层平面

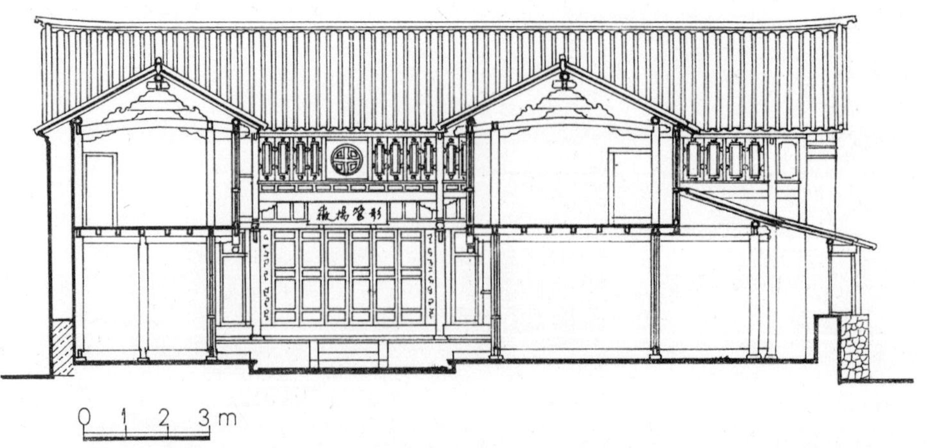

尹宅横剖面图

的。这种善于利用标准化构成单元来进行多种多样有机联系组合的有限增殖，使合院民居建筑的部分与主体之间联系紧密，并未显示出生拼硬凑的痕迹，而且在规则中求变化，在变化中守规则。

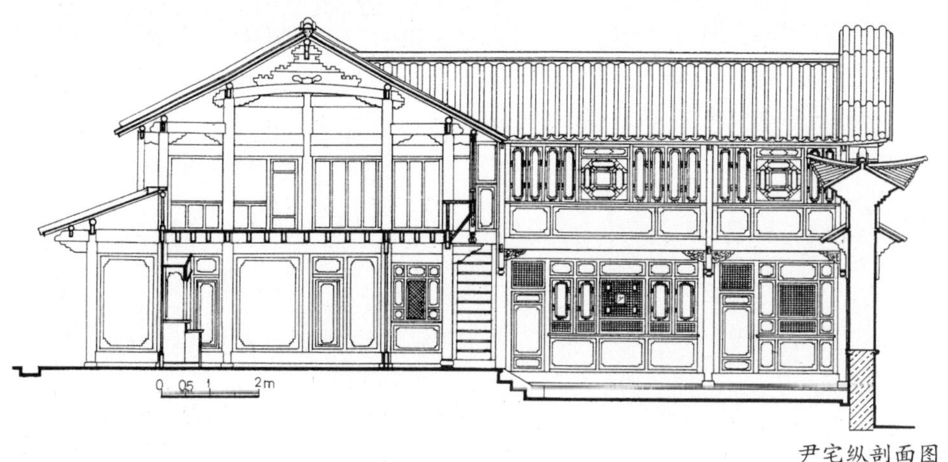

尹宅纵剖面图

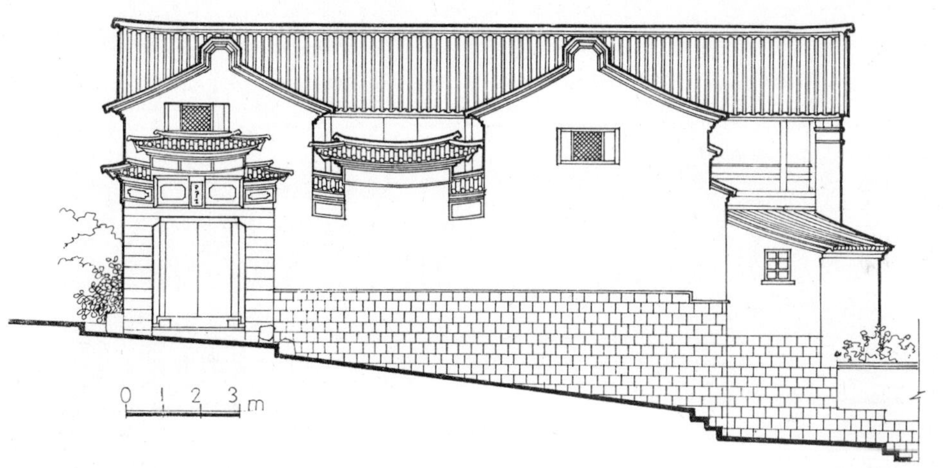

尹宅正立面图

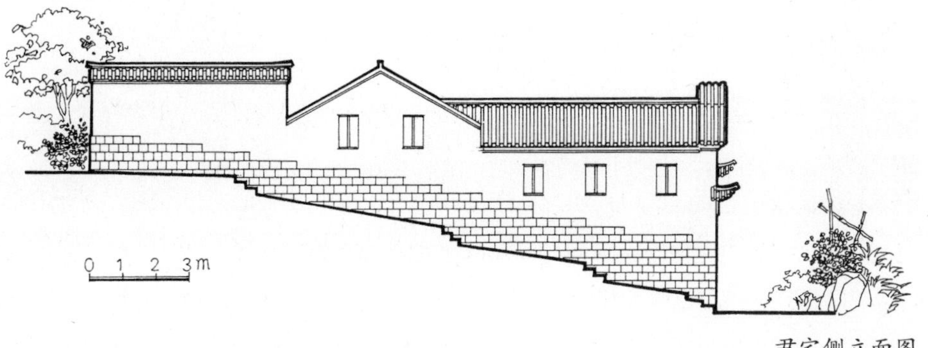

尹宅侧立面图

堂屋内家堂上的供奉摆设

三、合院的空间造型艺术

民居空间是居住于其中的人的行为空间，故空间的功能定位首要的就是满足人们日常生活的适用、方便、健康卫生、人际关系、等位关系等等的要求。按照对私密性要求的不同，民居空间的功能定位又可划分为三个层次渐进的空间。各功能空间相对独立，经过交通组织又相互联系，构成一个空间变化丰富的生活场所。

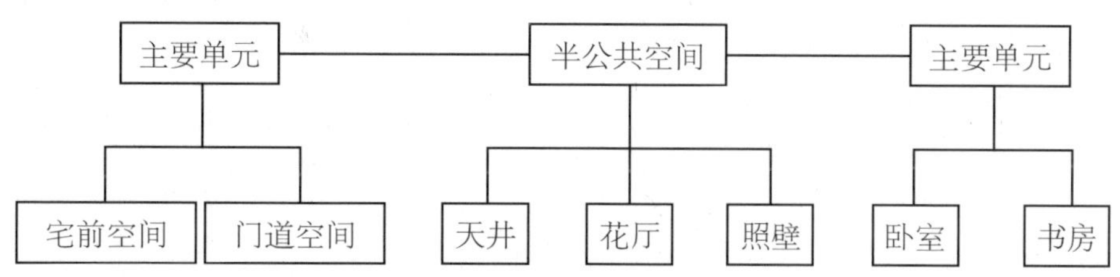

住宅功能空间的渐进关系示意图

（一）平面空间与功能的关系

一般来说，民居的功能不外乎有物质性功能和精神性功能两大方面，彼此相互交融，形成丰富多彩的生活内容。

（1）物质性功能。主要体现在生理性需要方面，如睡眠、起居、餐饮、浴厕、洗衣、做饭、行走、杂务等日常性的生活劳作。另外，农耕家庭还有杂物贮藏和家畜的饲养。

（2）精神性功能。主要体现在心理和文化需要方面，如交往会客、读书学习、休闲娱乐及各个家庭内部的祭祀典礼、婚丧嫁娶等非日常性的生活习俗。

为了满足上述两方面的功能需要，这就要求组合成院落的各个功能空间，在型制格局固定的前提下，形成空间使用上的相对独立和联系方便，达到主次分明，内外、亲疏有别，长幻有序，闹静区分的功能使用与空间对应关系。

以一户典型的一正两厢房布置为例，我们可以清楚地看出各空间与功能使用的交融关系。三开间正房与两边厢房紧密相连呈“门”字形布局，中为天井，正房对面是照壁。正房房间分隔成五个，呈“H”形组合，明间前后向内凹进，与前后檐廊合为一起，成为半室内、半室外交通的过渡空间，特别是前廊还兼顾有会客、餐饮、玩耍、家务等多种用途。

住宅功能与空间对应关系

空　　间	功　　能
宅前空间	交通
门道空间	交通
正房堂屋	起居、餐饮、祭祀、会客、交通
正房檐廊	餐饮、杂务、交通、学习、会客
正房次间	睡眠
厢　　房	睡眠、餐饮、杂务、会客、娱乐、炊事、贮藏
花　　厅	交通、会客、娱乐、学习
天　　井	交通、娱乐
花　　园	娱乐、贮藏
后　　院	盥洗、杂务
耳房漏角	盥洗、杂务、炊事、贮藏
二层空间	娱乐、贮藏

两次间又一分为二，各隔成前后两间，常于堂屋中开门进出，也有把卧室门面对檐廊、天井开设。明间居中的堂屋是整个家庭的室内核心空间，布置有家堂牌位，左为“流芳堂”，供奉本家列祖列宗；中为“五福堂”，供奉“天地君（国）亲师”；右为“奏善堂”，供奉灶君。前设横条形香案供桌（一台或二台），案前摆有八仙桌和左右两把太师椅。这种堂屋室内摆设每家都基本相同，只不过因经济力量悬殊，各家所陈设、摆放的家具器物好丑、精粗不同，但每家都会尽其能力做得更好，毕竟这里是向外显示“脸面”的地方。

堂屋的功能主要是家庭集会、正式的待客用餐、祭祀地点和起居交通中心。两次间的四个卧室，观念上左尊于右，后尊于前。如家中有老人，一般都安排靠后、靠左，前面常为晚辈的卧室。实际上，后面也相对较为安静，白天受来回、上下走动的干扰较少。和顺乡因地处南面坡地，综合多种因素考虑，绝大多数人家皆顺山势坐南向北，且后高于前，午后的阳光照射刚好在正房后间和照壁对着院内天井的一面。

正房两侧的厢房，底层一边做厨房，另一边做书房或卧室。在做厨房的一边，不论厢房有两开间还是三开间，常常空出一间做入口门道的转折过渡。在日常生活中，一家的厨房杂务活动频率最高，厨房设在靠近入口处，主要是进出方便、卫生而又减少了对院落内部更多的影响，诸如火烟、气味、污水的排放，果皮垃圾、泔水的外运等等。

家堂供奉的五大堂、流芳堂、奏善堂

正房与厢房的二层一般都空着，或只摆放一些轻巧杂物，因为要搬上搬下的，一些常用或较沉重的物品都很少放在上面。如果是家庭人口增多，有些次要的房间如子女卧室、书房、贮藏间会依次调整安排在厢房，待把出入方便的底层安排布置满后，再扩展安排至二层。

尽管多数人家的正房、厢房常空置不用，却为何每家又都要盖满二层，其空间面积明显地远远超出了家庭人口实际的需要？主要原因有二，一是为了保持房屋院落整体面貌的完整。对于普通人家来说，建盖一次房屋也不容易，能一次到位最好，而且对木柱的利用会更充分；二是多余的空间具有极大的使用弹性，可以为多子女家庭暂时的分家、分灶起调节的作用，特别是为非常时期的请客吃饭提供必要的空间保证。按照当地习俗，每户人家的婚丧嫁娶、年节庆典（如小孩满月、满岁，男人36生辰庆贺、老人祝寿等），都要在自己家里酬接亲朋好友，待茶待饭，热闹一番。除了底层的天井、花园、后院的可用地点外，宽敞的二楼正是摆放桌椅、安排就餐的好地方，如遇雨天，更显重要性。谁家难免都会有个大事小情，到时邻里乡人、远亲近朋凑在一起，各司其职，热热闹闹地既圆满办完了该办的事情，又增进了人与人之间的情感交往。如果缺少了这种空间，移至公共场合，即便各种条件比家里要好，其办事气氛也将大为减半，而且还不为人们所赞赏。这大概就是所谓的乡俗或地方风情吧。

厢房与正房的交通联系，日常都是走两侧厢房的浅廊至正房的檐廊，再到堂屋前扩大的空间“廊荫客”作中转。楼上楼下的交通联系，又以镶夹在正房次间与厢房之间的楼梯为主。有的人家如要利用正房与厢房交接的这个空间做通道至耳房、漏角天井时，则巧妙地将楼梯移至紧接的厢房内，或是设置在靠大门入口处的花厅山墙一端，反正二楼大多可以串通。楼梯一般设至厢房二层地面处，如正房二层高于此处标高，则又另加三五个踏步。总之，这些小地方，住家都会灵活地进行处理，将正房与厢房衔接的楼梯处理得很自然又很紧密地组合在一起。

由三坊房屋围合的天井，一般呈纵轴向长方形，如果厢房开间尺寸大或有三开间，这种长方形的天井则更加明显。将和顺乡合院的天井与云南大理、丽江或滇南建水、石屏等地合院的天井相比，会显得更为狭窄、更高深一些。因为和顺合院民居的两边厢房与正房的两次间相对，外墙与正房山墙齐平，即使厢房的进深比正房的小，一般不超过正房次间的面宽，但天井最多也就比正房明间稍宽。加上围合的三面都是二层，在面宽与檐高的比例上，接近1:2的关系，所以人在天井中的空间感受相对窄小、封闭一些。

寸家湾某宅正立面

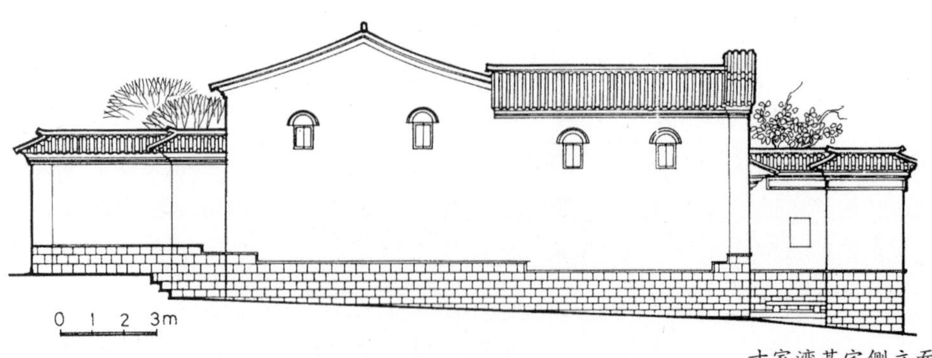

寸家湾某宅侧立面

大尹家巷刘宅立面

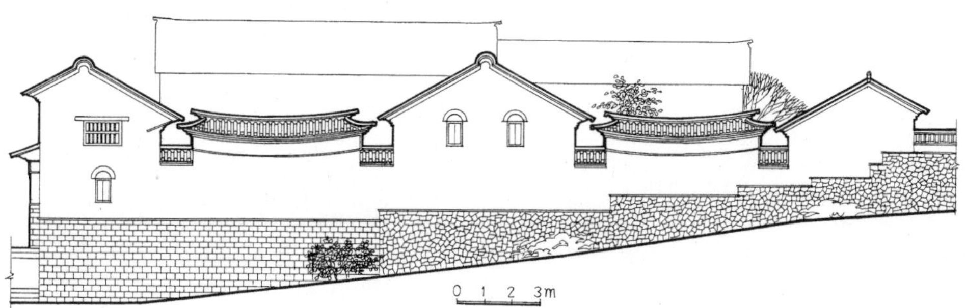

寺脚寸宅正立面（层层叠落的石墙脚与地形坡度变化相一致）

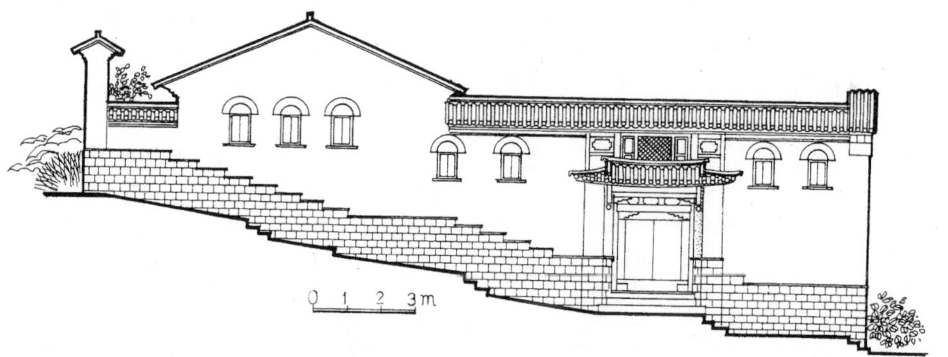

寺脚寸宅侧立面（层层叠落的石墙脚与地形坡度变化相一致）

李家巷口李宅正面及月台

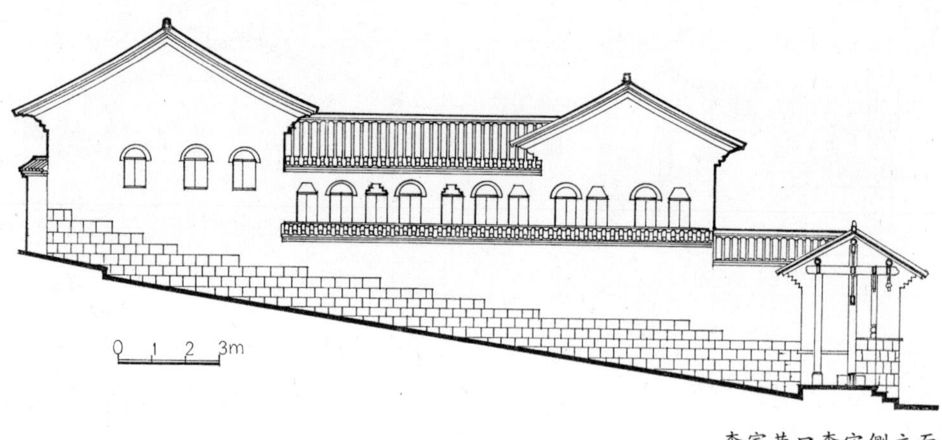

李家巷口李宅侧立面

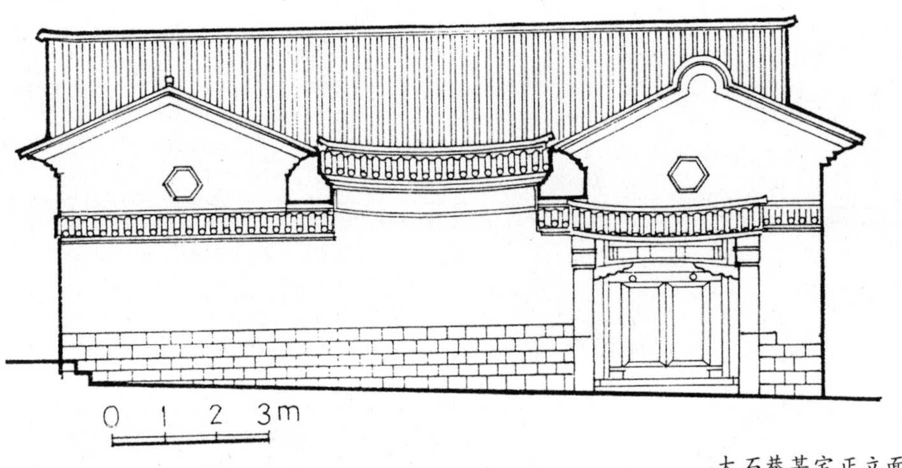

大石巷某宅正立面

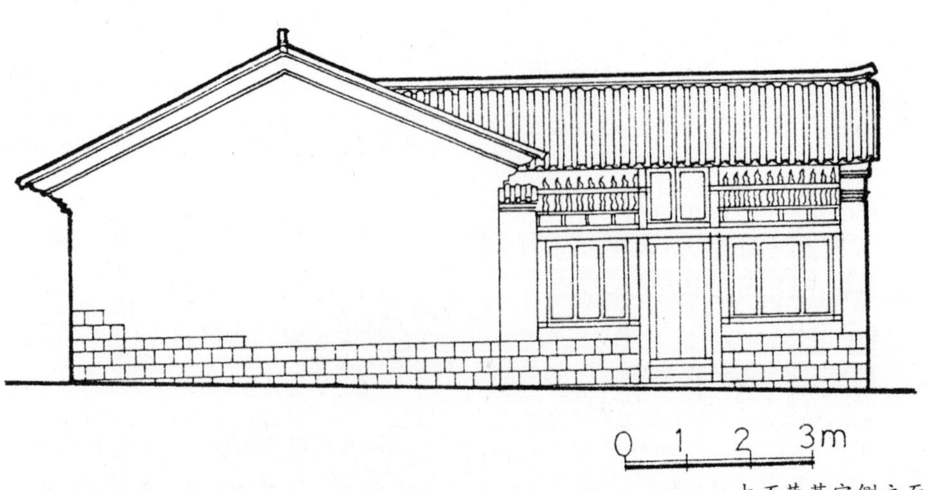

大石巷某宅侧立面

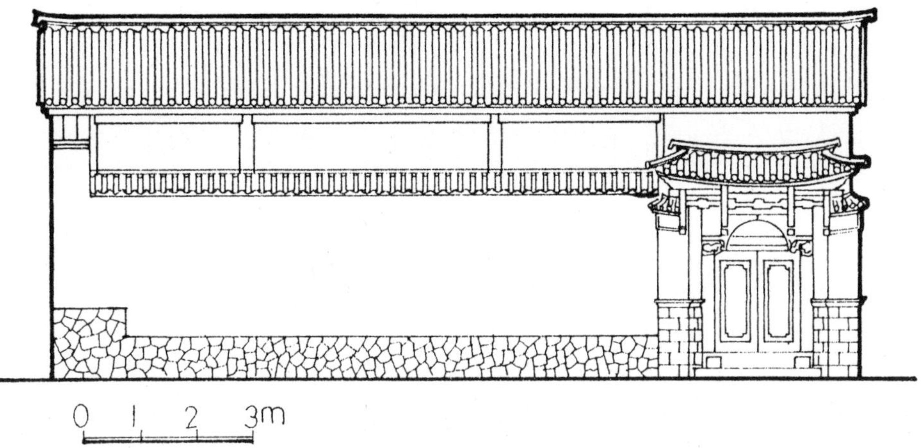

大石巷某宅立面

张家坡张炳照院落外景速写

导致这类纵向长方形天井形成的原因，我们认为可以有两方面的推论。

其一，受明代宅禁的限制。正房的面宽只能做到三开间，欲增加住宅的空间容量，只有延长两侧厢房的长度，有的厢房面宽还超过了正房的面宽，而且，天井的面宽只等于正房面宽与厢房进深的差值，这样，天井自然就成为纵向长方形的了。

其二，受坡地地形的限制。和顺乡大部分人家的宅院，几乎都是建立在坡度较陡的山坡上。这种外表齐平、紧凑的平面格局，有利于节约房屋占地，并且与地形结合紧密，居住空间不够或分家另建时，可用同样的格局做横向或纵向的拼连扩展，充分利用有限的基地面积。

这种纵向长方形的天井型制在云南恐怕要算是一种特例了。因为云南大部分地区的合院民居基本上是正方形或横向偏方形的。除昆明的“一颗印”天井尺度较小外，其他合院住宅中的天井面宽与进深的比例大致都保持着3:2及以上的比例。由于后期与外界不断的交流，和顺乡民居合院天井的面宽，也有随两侧厢房的逐渐后退而加宽趋向于正方形的。

另外，还有一个特点是每户人家多多少少，或宽或窄，三开间的正房背后都设有一小后院，常布置有厕所、贮藏、鸡舍一类的杂物用房，后院虽小或不太雅观，却必不可少。用地宽余的人家把它扩展成后花园，使得内与外、主与次、闹与静得到明显的区分，形成静谧安适、井然有序的生活环境。这种正房分隔布置及其后面的处理，在云南其他地方也很少见，无疑是移民传统的一种变异处理在此地的发展延续。

这些有限的空间，除少数几处功能相对单一外，如门道空间、卧室、厨房、书房，其余都很混融，很难确切地划分某一空间是专门做什么、不能做什么，而往往是一个空间兼顾多种用途，或物质的，或精神的，只是在具体使用的那一时刻才有所区别。

（二）合院民居的外观造型

一种民居的立面造型和外部轮廓，往往是体现地方风格特色的直观形象，具有很强的可识别性。当然，这里所说的造型、轮廓，指的都是带有普遍性、运用几率较高的一些常用造型。

和顺乡合院民居的外部造型，都为坚实、厚重的墙体所包围，加上地形的衬托，使用材料和处理手法的统一变化，常给人一种质朴端庄、自然舒展、高耸刚健的体块之美。主要体现在以下几个方面。

1. 三段式的墙体构成

不论规模大小，也不论是正立面还是侧立面，每户民居宅院的墙体在横向上均作三段处理。下段为清色的条石、块石勒脚，中段为带有粉刷面或不粉刷的土坯墙，上段为灰瓦屋面和沿屋顶轮廓线走边的装饰带，以及有规律开设的圆拱小窗。由于使用材料的质感、色彩不同（至少是三种以上），加上有带边的圆拱小窗的出现，使高大、封闭、厚重的墙体产生了色彩的对比、虚实的对比、纹理的对比，从而减轻了墙体的沉重感，特别是在结合坡地方面，那一层层沿坡地砌成的台阶状青石墙脚，呈现出有序叠退的韵律，变化自然而又合乎规律。

特别值得一提的是那些墙——清水砌筑的石墙脚，无论是打磨精细的方条石，甚至有的还雕琢出一些图案花纹，还是取自然相互咬合之形的

张家坡张雄达宅外形

寺脚尹宪章宅外观造型

寺脚尹敬之宅外形

支撑高墙大院的清水石墙基

"石榴米"清水石墙，皆无矫揉造作与拘泥之感。它是用敲凿得极为严整的大石块直接镶拼起来的，不用一点石灰垫层，石与石之间相叠扣合得严丝合缝，有的甚至连一张纸片、一根头发丝都塞不进去，你无法想象这是石匠们用手工一锤一锤敲打出来的。

高高挂挑在墙外的石制排水口

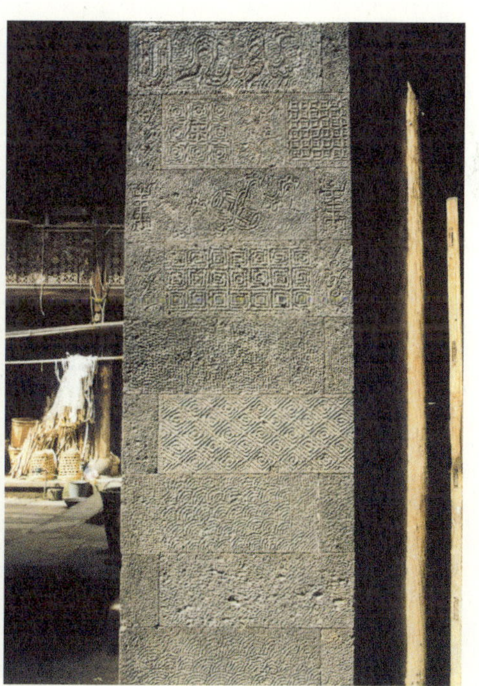

打磨得十分精细且带图案纹理的条石墙基

2. 丰富优美的造型轮廓

屋顶是房屋立面构成中的一个重要元素。尽管和顺合院民居的屋顶绝大部分是直坡形式，但“响瓦”（即板铺板盖）屋面与筒板瓦混合用在一起却使屋面纹理有些变化，尤其是用筒板瓦在檐口两山处走边的做法更为独特。由于厢房脊檩往往延伸至正房金柱梁檩处与之相搭接，这就使正房与厢房的屋面相交形成天沟，檐口相互平齐。如果正房屋檐与厢房屋檐高差明显，则厢房将低于正房屋檐的屋面顺势伸入其檐下，很自然地解决了屋面排水问题。另外，厢房山墙的山尖处理，有圆弧形、多边形等多种细小的变化，而那些或圆拱，或三角，或梯形退台、倒边的多种窗形、窗边处理，以及镶嵌其中的预制金属花窗芯、彩色玻璃却在悄悄地显示着和顺人引为自豪的“洋形式”和“洋货”，甚至有几户还直接把露天阳台也搬来置于厢房二层，虽与房屋主体不太协调，却是一种大胆的尝试，也只有和顺乡人有这种条件、这种机会和这种创举，形成类似一些中西杂糅的细部造型。

而那最具传统民居特色的照壁墙，不但造型呈优美的柔和曲线，檐角飞挑，檐口层层退叠，且檐下的装饰带内容也相当丰富，山水诗画、人物典故、动物花草素雅而有情趣，有的还做成透空砖雕，成为房屋正面的视觉和构图中心。

在外墙及房屋的外形处理上，还常常结合道路的走势、基地的形状坡度，因形就势地做成弧形、锐角或钝角形墙面、屋面等形式，变化灵活自然，错落有致，统一协调。

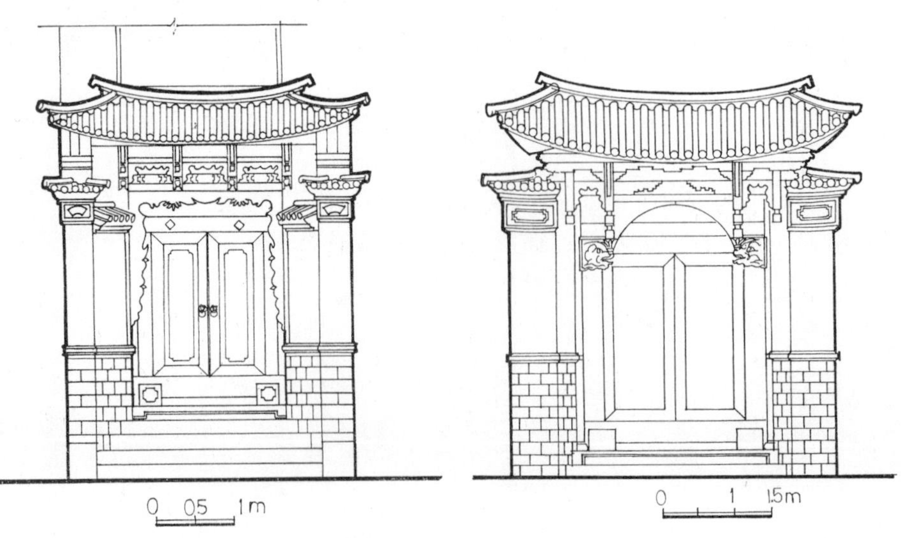

嵌贴式大门大样图

大尹家巷刘声翠宅外形（转角部位上层为露天阳台）

3. 重点突出的入口门楼

打开门，我们可以自由出入温暖的家；打开门，意味着开始一天的各种“公开活动”。关上门，可以隔离街巷的喧闹，保持院内生活的相对安静；关上门，无疑增强了居民的安全感和私密性。民居的门楼除了实际的功能之外，往往还是住户家庭社会地位的标志。院落是主体，门楼是面目，对于特别注重“面子”形象的传统习俗而言，什么门就什么屋，常常是表里如一，很少混乱的。

和顺乡合院民居的传统型门楼主要有两种，一种是嵌贴式，另一种是独立式。

（1）嵌贴式门楼。

这种形式的门楼系嵌贴在院落出入口的外墙上，实际上是在外墙上预留一个门洞，门洞两旁用打磨规整的上好石料加砌，突出墙面、带八字形倒角转折的门墩，上加木梁或石过梁，向外建构出挑装饰吊柱雕梁数层，再加一字形或三叠式翘角飞檐瓦顶。其门头做工的规模气势、装饰的繁简程度，往往视住家经济力和在乡中的声望、地位而定。而且在一些门头上还悬挂有表明住户“心声”的匾额，比如“道德家风”、“民国人瑞”、“书香世荫”之类，或是“司马第”、“进士”、“状元”等等。匾额上面的题字落名，还都是一些颇有历史分量的文化名人，让人看后油然起敬。

寸家湾王宅外形

刘家巷刘宅嵌贴式门楼大门

独立式大门

张家坡张炳照宅院外露观景挑台

嵌贴式大门

张家坡张宅大门

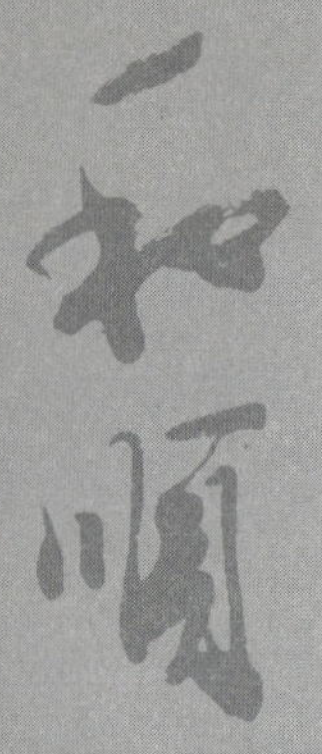

这种嵌贴式的门楼常设于一侧厢房的山墙面，使整个房屋的立面有了表达重点和画龙点睛之处。

（2）独立式门楼。

独立式门楼可在地基范围内住户需要的任何位置上修建，然后用围墙把它和院落连接起来。大多数独立式门楼都为双坡顶屋面，门后紧接一段门道过渡空间，再经第二道嵌贴式大门进入院内。

水碓李生泽宅大门

寸家湾刘宅大门

张家坡张成芝宅大门

张仙才宅大门

张仙才宅大门细部

（三）合院民居的内部形式

从前面介绍过的民居平面形式来看，不论是小型的“一正两厢”式单一院落，还是大型的“四合五天井”多院落空间，都是由各种基本的构成单元，根据地块大小和一定的建构规律组合而成的，而这种组合又是围绕着中空的“天井”庭院来实现的。对于传统的乡村生活来说，三面或四面房屋围合加上中间的空地，便构成了一个普通的家庭，房屋是“家”，空地则为“庭”。“家庭”的意思是说：一个家多多少少总要有点空地才像个样子。这些空地和户外的空地很不一样，尽管不大，但它却是一个过滤了的“室外空间”，过滤了包括家庭以外的陌生人、噪音、风沙和视线。它是一个封闭建筑内的开放空间，使封闭在其内的各家各户，能充分地安享自然、接触自然；它还是一个以“虚”衬“实”的对比空间。天井、庭院的构图意义在于，以天井空地的“虚”，衬托出房屋的“实”，使作为院落主体的房屋在空间中更加突出，而天井空地自身，也更具有特殊的观赏价值。正所谓：“楼高但任风云过，庭小能将日月留。”于是，各家都将这块天井空地收拾打扮的漂漂亮亮、干干净净，不但天井的地面、台阶踏步用石板、石条嵌砌得整整齐齐，还专门用一些特制的石柱、石台有序地摆放在天井内，广置花木盆景，使之充满生机绿意、柏翠兰香。即便足不出户，春暖花开时，也能体察出岁月之更替，毕竟这里是院落核心、视觉核心，一家人进进出出，无时无刻不在观看。当站在天井庭院中间环顾

寸家湾刘家巷道刘宅内院天井及“天地笆”

四围，其合院的内部空间特点也一目了然。

和顺乡合院民居内部，无论是正房、厢房还是过厅、耳房等，皆无土石之墙，从上到下满面都是做工精细的木质门窗、屏板和独立檐柱，差不多都是用清一色的楸木材料，不施油彩，纹理清晰，尽显木质本色。明代宅禁中曾规定：“庶民所居……不许用斗栱及彩色装饰。”[1]这方面戍边屯兵到和顺乡生活的移民后代到是恪守得规规矩矩，不敢越雷池半步，自然也就导致了今日和顺人家室内门窗装饰每每质朴素雅、格调清新和色泽统一协调的特点。这种以木材为主，显露结构关系和装饰纹样的立面处理，从主体到细部，处处表现出自然规整、流畅柔和的线性空灵之美。

每当从户外经过入口门楼和门道过渡空间进入院内时，对围合而成的各坊房屋，一眼看去即可辨别出房屋的“尊卑”与“主次”，最明显的莫

① 《明会典》。

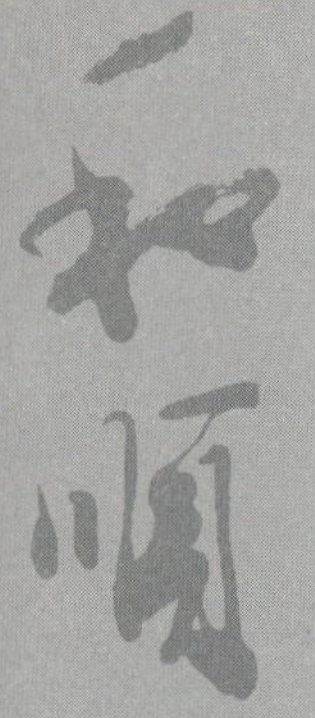

过于地面的台基高差和房屋门面的处理。这里需要分成两个历史阶段来分析讨论。

第一，晚清时期及民国初期的合院建筑。

作为合院主体的正房，这一时期一般都是单层。尽管其空间尺度较厢房、过厅和倒座的大，但总高终究高不过有二层的厢房高度，厢房或花厅也常做成底层带檐厦的环廊式布局。为了突出正房的空间主导地位，于是，就把正房建于高台基上，这也刚好与和顺乡聚落居于坡度很陡的坡地实际相结合，将前后多重院落的房屋分别建盖于不同的地面标高上，减少了对地基开挖的土方工程量。

这一类型的正房台基几乎有厢房层高的半层之多，通过对地面标高的不同运用，使正房高高在上，与厢房形成错半层的竖向空间关系，由正房檐廊至厢房二层也不用再设很多的楼梯踏步，且两侧厢房也并非都是完全对称的二层。

由于地面高差的增加，加上正房檐廊又是联系两侧厢房来往的交通要道，需要有一定的安全防护措施，特别对于家中的老人、小孩来说更显重要，所以，聪明的匠师就在正房檐下高台基边缘加了一块挡板来满足安全需要。挡板设立之后，尽管对正房的立面有不同程度的遮挡，非但没有起到破坏作用，反而把原来处于屋檐底下、昏暗模糊不清的木构门窗装饰推移向前，用明快的挡板来代替，使正房的“面目”更加醒目，主导地位得

大庄杨家巷杨新福宅内院天井及“天地笆”

到加强，并由此不断发展、演化出多种形式，这就是我们今天在和顺乡一些老宅院中看到的“天地笆”。在某种程度上，高台基、单层正房、有无“天地笆”等这样一些直观形象和构件，也常表征着房屋建盖年代的早晚。

后期随着正房与厢房地面高差的不断降低、檐廊空间尺寸的加宽，防护功能需要减弱。具有一定遮挡和阻碍正房室内空间光线、视线的“天地笆”也就随之退化，从与正房屋檐口相接的高大木质屏板逐渐过渡到低矮的石质栏板直至最后消失。

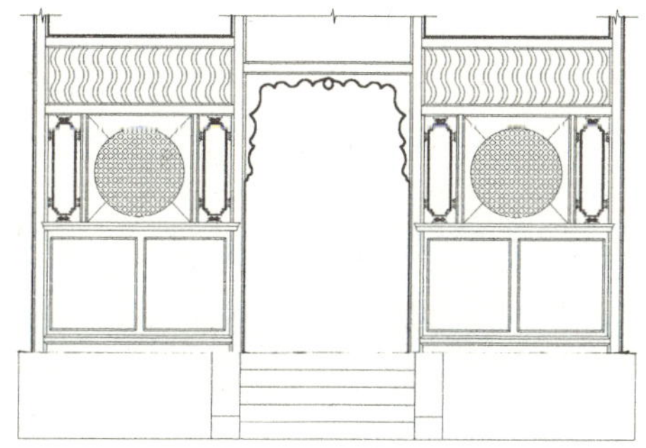

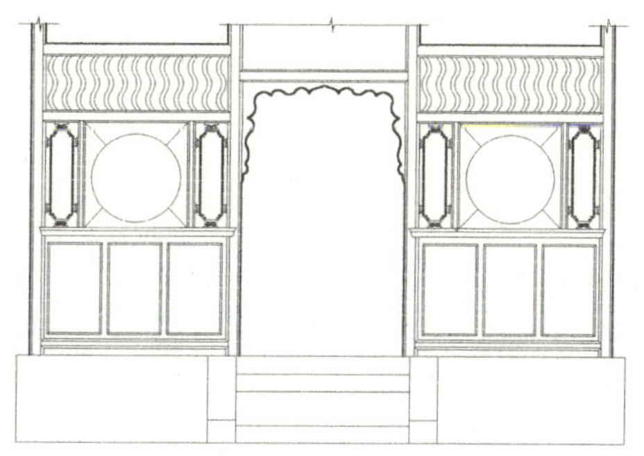

“天地笆”大样图

张家坡张成灿祖宅，建于清咸丰年间

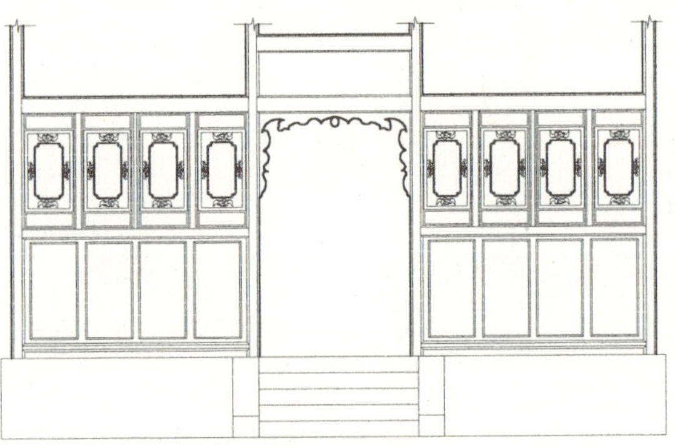

“天地笆”大样图

十字路李宅内院天井及“天地笆”

张家坡张炳照宅内院天井及“天地笆”

寺脚尹宪章宅内院天井及“天地笆”

"一正两厢"内院，天井内有排列整齐的花卉盆景

这一时期的另外一个室内空间特点，就是正房常为单层，即便后期把正房的两次间设为楼层加以充分利用，而明间堂屋不论房屋高低，仍是透空能看见脊檩的。这主要是由于早期敬祖观念导致而成的，当地居民普遍认为，堂屋中供奉着祖先、灶君及天地君亲师神位，能保佑一年四季居家生活的吉祥平安、兴旺发达。为了表示对这些供奉对象的崇敬和虔诚，每日焚香供茶，早祈晚祷，平日里尚且小心谨慎，不愿在此过多走动、大声喧哗，唯恐叨扰祖先神灵而被视为不恭，危及日后平安生活，如再在堂屋家堂头上加设楼层，让人在上面走动踩踏，则是大大的不敬，其后果恐怕是想都不敢想的。

正房两次间的楼层虽然得到利用，但带来的问题又是如何才能彼此联系方便，即使占去底层更多的有用空间，两边均设置楼梯以供上下，要想从这边房间到堂屋对面的房间，还是免不了得先下又上。上上下下总不方便，况且一般民居家中的楼梯设置是又窄又陡的，于是，人们巧妙地在明间堂屋前凹入部分的顶上（即檐柱与金柱之间的位置），架设了一段"桥廊"。"桥廊"两边用透空的造型木条格栅做栏杆，既不违背对供奉祖先神灵的不敬，也不影响堂屋室内的采光，还方便地解决了两个空间的来往联系，很小的地方都给考虑得如此周到，这正是民居空间所独具和展示的魅力，让你叫绝，让你感叹。这种做法在云南甚至更广的地方，恐怕也是绝无仅有的。

“一正两厢”正房与厢房交接转角

正房对面的照壁，为内院的视觉中心

同样，随着不断的发展和观念的转变、淡化，二层楼面全部铺满，只要不是在上面故意的跑、跳，住家及其供奉的“祖先”是会网开一面的。当然，这时的“桥廊”也早已被融和到了楼层的整体中。

另外，这一时期的屋面做法，通常在椽子上，用竹条编织一层“篾

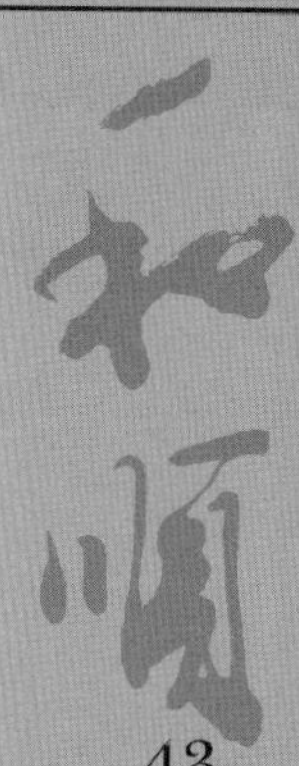

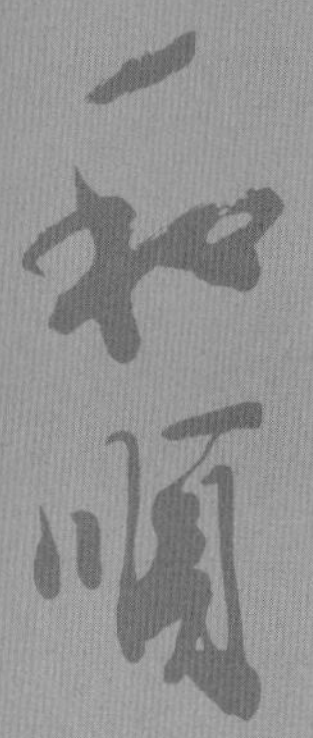

笆”，作用类似于望板，在上面先对接一层底瓦，再于底瓦上铺设一层面瓦。这种双层铺设的做法既可以防灰尘，又可以保护椽子，即便雨水浸透了上面一层的瓦片，也还有下面的一层隔着。

由此可见，某种构件的产生运用，均满足于一定历史阶段的功能需求，是一种人为的历史选择。当社会向前不断发展，这种构件不再适应新的功能要求时，自然会失去存在的生命力。不管它再多么有特色，也可能会因传统变更的滞后性存在很长一段时间，但终究是要被取代或消亡的，或许，这就是传统民居发展演变的普遍规律。

第二，民国后期的合院建筑。

和顺乡民国后期及以后所建的合院，在原有合院平面格局不变的前提下，房屋的层高尺度加高了。三面或四面围合的正房、厢房、花厅联系更加规整，天井的“井”感空间加强，门窗装饰细部处理更加统一标准，特别是由缅甸购进的预制铸铁压花窗，大量地与木格花窗组合在一起广为使用。一则预制铸铁花窗的图案纹理、尺度与木格花窗的纹理、尺度、疏密排列区别不大；二则与不施油漆的木质材料色泽几近相同，使围合成的合院内部几个立面协调一致。

相对于前期厢房带檐厦的合院来说，此时的合院正房和厢房，二层基本上全都采用外挑式的吊脚楼，悬吊下的“金瓜”柱头与下层挑出的梁头组合成为一组重点雕刻和突出表现的装饰节点，出挑部位的宽度约为60厘

李家巷三成号李曰绪宅天井、过厅

米，挑出的平台与二层室内地面标高相距也将近60厘米，从而在室内形成一条与开间等宽的靠窗座台。对于空敞的楼层来说，这里是必要小件摆放之处，也是楼上劳作家务时坐下休息之处，不但通风好、采光好，还可俯瞰天井内景。

上述两种不同时期的合院，尽管室内空间及局部做法处理不同，但院落房屋的主次从属关系表达是同一的。除了地面标高有所区别，正房尺度总高都大于厢房、过厅、倒座等次要房屋之外，而且同样的两侧厢房，一般情况多采用左厢房二层、右厢房一层的做法，即便在实际建盖时都建成二层，也要将正房下面右边的厢房故意抬高一至六寸。按当地的说法："宁让青龙高万丈，不让白虎抬头望。"其实这种观念也与传统风水对住宅的要求表述相同，凡室外形"东下西高，富贵英豪；前下后高，多足牛马；左下右昂，长子荣昌"[1]。还有一重点装饰之处，就是在工房的明间门额上，总是巨匾高悬、楹联满柱，其内容或言志，或教化，或显示家风，或表示虚荣，与大门门头上的挂匾一样，无时无处不在极力显现出对传统伦理、儒雅风尚的仰慕与追求。

当然，这些匾额当中免不了有夸大事实之嫌，如在大门上挂的"进士"、"状元"之类。考其历史，和顺乡虽历代文人辈出，但中进士、状元者皆无，这表明了乡中人普遍存在的一种世俗心态。当有了宅院，衣食无忧之后，崇尚传统文化的和顺人最渴望、最羡慕的是"儒雅"，室内室外，户内户外，只要有可能，就尽力表达，或题联，或挂匾。对于经商创业的一代来说，要重新读书做文人雅士是难以实现了，最便捷、最有效的办法，就是用钱捐个功名。这种做法有点类似当今某些大款在大学里出高学费办个手续，混个文凭再拿出去蒙人。尽管这些用钱买来的功名是空的，叫起来却响亮入耳，年代一久，似乎也就顺其自然、弄假成真了。可见，从这块地上"走"出去的人们对文化的追求和仰慕是何等的强烈，以及渴望沾染上点"书香气息"的良苦用心。历史上，和顺乡也确实有经商者立业后用钱买官名、买头衔的实例，虽然其做法有不能免俗之处，但对家庭的后续发展却形成了转机。有的家庭后代还真的功成名就，名正言顺地成为一方文化名人。

徜徉在和顺乡聚落这些深宅旧院之中，总使人有一种无限的惊讶与感慨。这里的房屋宅院有大有小，质量有高有低，装饰有繁有简，但那些灰砖、灰瓦，青石、粉墙，总给人留下一种自然平和、舒适含蓄的无穷韵

① （明）《阳宅十书·宅外形》。

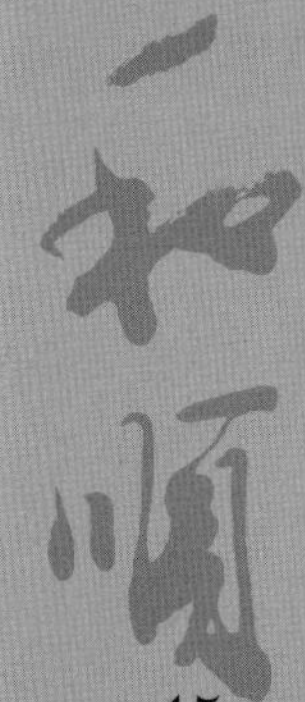

味；那些百年不变的木构梁柱、花格门窗、装饰雕刻，无一不在透露着工匠们娴熟的技巧和做工时的严谨考究，其门窗造型和装饰材料还不时杂糅着一些由经商、求学者引进的海外文化现象，还有内院中那一根根穿插交错、迴环延伸的线形梁柱檐枋、廊檐吊厦、格扇门窗，在阳光的照射下，形成虚实对比、动静相融的空灵意趣和由光影变化而带来的时间与空间的感受。

不施油彩、纹理质朴清晰的楸木板壁、门窗

天井、花厅内特别的石柱、石台，纤巧而稳重，用于摆放不同的花卉盆景

天井俯看

精雕细缕的木格花窗，组合变化有序

面对着这些房屋里里外外的每一个细部，你不得不承认，这些宅院总是在流露着一种“气派”，不是“有钱”的气派，而是一种仿效与折射中国文人雅士文化生活的气派[①]。走出去发了财回来建盖房屋宅院的是富人，不是贵族，但他们对文人雅士的生活方式流露出的文化品位和精神情趣的向往，充分地表现在房屋院落的很多地方。与此同时，又把“安居”的梦想从遮风避雨的基本要求，提升到一种崇尚“儒雅”的精神追求之上，这就是和顺这些深宅旧院的审美追求，于是就有了我们所看到的讲求方位朝向的门楼、稳重殷实的厅堂、充满墨香的书房，有了精刻着诗词楹联的檐廊照壁，还有布满花卉盆景、生机盎然的天井庭院和瓜果挂树的后花园。

（四）内外空间的环境营造

民居院落的环境空间，包括有怡情的自然化环境和悦性的人文化环境。

1. 自然化环境

“在中国人的概念中，住宅与庭园是密不可分的，两者一起构成了有机整体。”[②] 从民居的发展历史来看，宋代以后非常重视民居宅院空间的园林绿化，住宅的庭院化与村落周围的自然环境借用处理有一种同构现象，表现了在中国人居环境中自然因素所占有的地位和作用。

历史上，除了绍春花园外，和顺乡并没有比宅院更为大型的私家花园，但运用非常普遍的是在住宅内部的花厅、天井以及少数人家专门设置的后园，花厅、天井规模虽小，但经过主人一番精心布置之后，这个小小的空间却极富自然特色，看那排列整齐的石台盆景、兰草花卉，再衬以粉墙照壁上的书法绘画，有情有味，寓意深长。

在和顺乡合院民居中，无论是“一正两厢”式的三合院，还是带有花厅的四合院，在天井内靠照壁处，正中均置一石凿水缸，缸内养鱼，缸上配以假山盆景，典型地体现出“缩天移地于一庭之中，修身养性于山水之际”的意境追求。或者达到如诗词中描述的“水清原可鉴，石坚自可凿，凿石注涟漪，斗深亦大壑。君不见石一拳、水一勺中有锦鳞无限乐。或游泳，或潜跃，依蒲依藻何咸若，我生从此识化机，观鱼观我无自缚”[③] 之境界。

① 王洪波、何真：《百年绝唱——一部早年云南山里人的出国必读》，载《山茶·人文地理》，第37页，1999年第5期。

② 蒋高宸：《建水古城的历史记忆》，第188页，科学出版社，2001年版。

③ 《阳宅十书·宅外形第一》。

花厅照壁细部装饰造型处理

在花厅有限的空间中，一般置有玉兰、缅桂，或山茶、腊梅等树木，枝条交错，风姿绰绰。照壁下种草本、爬藤植物，使墙壁软化。正如郑板桥所言："十笏茅离，一方'天井'……其地无多，其费亦无多也。而风中雨中有声，日中月中有影，诗中酒中有情，闲中闷中有伴。"

照壁作为"一正两厢"式三合院中正房的对景和花厅空间中必不可少的构成要素，其造型一般都是三叠水式，中间高两边低。但与云南其他地方汉式合院民居中的照壁相比，其特点在于：一是中间高出部分呈柔和舒缓的曲线，墙两端的歇山式屋顶略向上翘；二是两边叠落部分尺寸较小，不超过1米，仅作为中间照壁屋顶端部出挑部分与厢房山墙的缓冲，照壁的整体常高大于宽。

照壁下为齐整的石砌勒脚，中为白粉墙面，有利于反光。檐下有30厘米～40厘米高的装饰带。这一独特的构成单元，于外观，将两边的厢房连为一个整体，呈对称构图的造型轮廓起伏变化丰富；于内看，是天井内的视觉中心，不但能作为一切活动的中性背景和衬景，其上怡情、悦性的诗画题字，恰当地表述了住家的修养及追求。

2. 人文化环境

人创造环境，环境也创造人。中国社会一直存在着地灵人杰、人杰地灵的这样一个互动关系。我们经常所说的地灵人杰，大概表达的是这样一种文化的生态：一个地方的人们把他们对生活的理解和追求，把文化的传

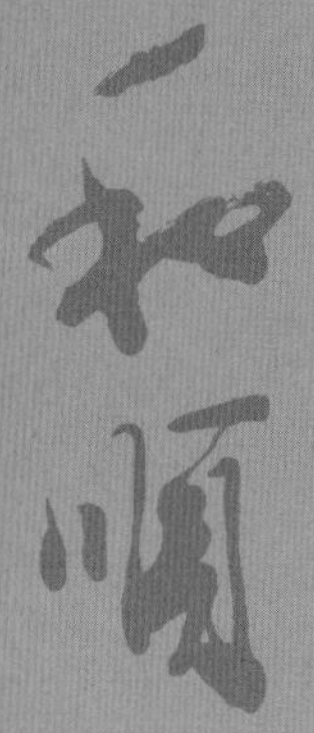

花厅照壁细部造型处理

统和教养，物化成他们自己的家宅院落及生活的环境，从内部的院落天井到照壁门廊、巷道，从一街一巷的局部空间到聚落的整体环境，并以这样的环境，连续不断地熏陶和养育着下一代。

还有，我国传统家庭十分重视用礼法制度、伦理道德规范和行为准则来指导人们处理家庭关系、教育子女后代的成长。这就是所谓的家训，主要表现在长辈对晚辈耳提面命的训诫，以及晚辈对长辈的唯言是从，除此之外也常常利用住宅作为一种文化的载体，将我国特有的诗词书画、匾额楹联及碑刻撰文，巧妙、得体地融于住宅建筑室内外及相关部件装饰中，一方面增加住宅（包含室内）的装饰效果；另一方面，通过日常生活中的耳闻目染，将其中的寓意、伦理孝道、传统文化精神潜化到后代心中，作为今后生活中的言行标准和做人原则。

和顺乡这种合院民居空间环境的营造、细部的装饰处理，当属中原传统合院民居建筑的延伸和嬗变，在没有超出传统礼制精神和儒学思想对空间格局制约的前提下，在这个极为有限的空间与可变范围内，人们调动了非常的想象力，精巧构思，将其居住生活环境布置得更加自然化和人情化。从一定意义上讲，这些精致、典雅、俊逸的宅院，无一不与在外经商的房主人有关，并且由于有了财力的保障，他们把所有的恋乡、恋家之浓厚情感，完全倾注在家乡住宅的建造及其对传统文化的寄托上。因为这里是老家，是“根”之所在，是一生的起点和归宿地。在外赚了钱自然要先回老家盖房建屋，养活妻儿老小。

前面我们已经谈论过，今天的和顺侨乡是靠“走”而不断形成的。走出去，是为了家，走回来，也是为了家，可见“家”是中国传统文化人生命中的一个原点，不管走出去多远，最终还是要走回来。当一代代和顺人为“家”出“走”而历尽艰险、吃尽苦头时，对有房有地、安居乐业的向往，比任何时候都表现得十分明显和强烈。他们在外面辛辛苦苦赚回来的每一文钱，就是为了回家，在家乡建盖房屋，使每一个在外劳苦奔波的人有了依托感、归宿感，同时也借助房屋这一象征意义的物质空间实体，显示其创家立业之成就感。

四、室内外木构装饰技术

灵活精巧的木构体系，是中原传统建筑的重要特征之一。当这种技术最初随移民匠师传入云南后，培养出了一代代的云南本土工匠。到清代时，经过不断的实践积累，已逐渐显示出本土木构技术独立的个性，形成了一些别具特色的地方技术派别。比如云南的白族和纳西族匠师们，结合自身的居住需要和云南地震灾害频繁的特点，大大丰富了传统木构架的使用经验，不仅创造了多种多样的具有地方特色的木构架形式，而且还创造了一整套有利于提高抗震性能的构件联结和节点处理方式。

（一）民居的木构架系列

和顺乡的合院民居，大部分是由大理剑川的木匠来建盖的。据说，1930年以前，在和顺乡建盖房屋的剑川木匠就达200多人。是故，在木构架技术和装饰技术艺术方面，总体上也反映出大理地区的一些建筑风格，但也有自己独到的地方。

从木构架来看，和顺乡的民居房屋构架基本上是穿斗式的灵活运用。在楼房构架中，通常是中间两架无中柱，即明间与两次间分缝处用大弯梁架于两棵金柱或檐柱上。山架，也即两次间靠山墙处用小梁与中柱直接穿斗在一起。这样既可得到供内部灵活使用的无柱或少柱的大空间，又可以降低木材与人工的耗用量，这种混合构架可分为穿枋式与弧梁式两种。

1. 穿枋式

在每榀立柱从前檐柱到后檐柱的各柱之间，用数道穿枋沿进深方向相穿联形成一个整体。一般每棵柱头上设一根檩垫枋，即开间方向由圆檩与方梁相组合的构件。

如果前后檐柱、金柱和中柱都落地，三开间的正房共20棵柱子。两山

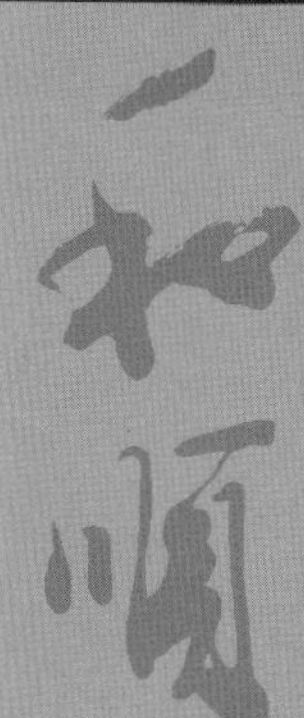

架各减去两棵金柱也还有16柱，当地称之为“大五架、双桁双挂”。这种16柱的穿枋式构架一般常用于单层的大进深正房，柱与柱的进深间距都在1.5米~2米之间。加上两边出檐，前后进深最小也在7米以上。

2. 弧梁式

对于正房明间的两缝中架，减去中柱，在前后的两棵金柱或檐柱间，架用一根粗大的横弯梁，横梁上支驼峰垫木，再架设一根三架梁，梁两端支承檩条，中间又置驼峰垫木或矮柱，支承脊檩。对于山架，因金柱常省去，在中柱与檐柱间架梁，梁上再立矮柱以支承金檩。

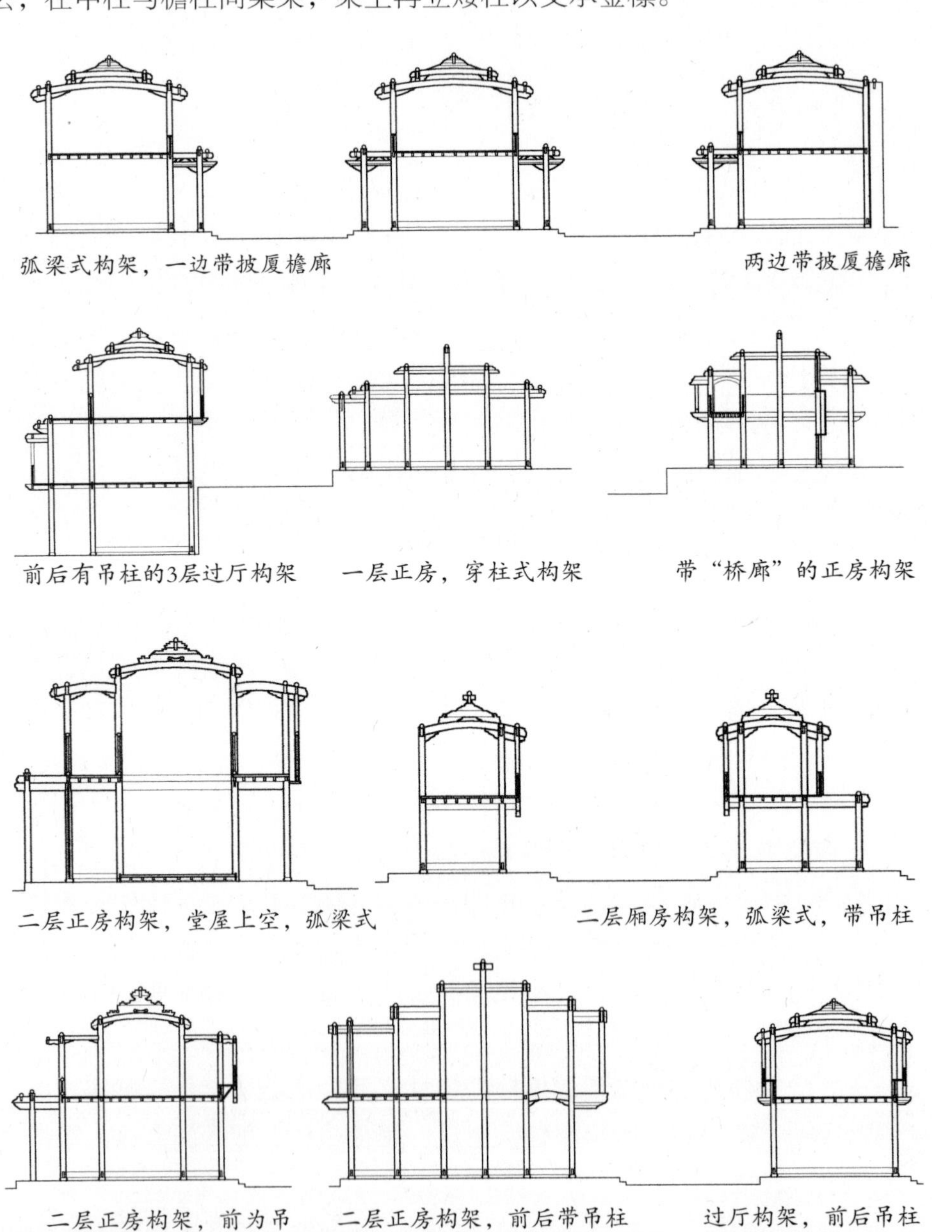

弧梁式构架，一边带披厦檐廊　　两边带披厦檐廊

前后有吊柱的3层过厅构架　　一层正房，穿柱式构架　　带“桥廊”的正房构架

二层正房构架，堂屋上空，弧梁式　　二层厢房构架，弧梁式，带吊柱

二层正房构架，前为吊柱，后带披厦　　二层正房构架，前后带吊柱　　过厅构架，前后吊柱

这种弧梁式做法在和顺民居宅院中常用于二层的正房和厢房，而且对弧梁的选择还特意寻求一些自然弯曲的木料，使其拱背向上，不论从受力、传力方面，还是从视觉心理方面都合乎自然。弧梁梁头与柱头交接处在梁下有雀替辅佐，梁上的驼峰垫木也被赋予一定的图案形式，与弧梁结合紧密。横跨的弧梁，使楼层室内空间宽敞，由于是穿斗式各种穿枋的综合运用，使木构架的出檐做法也得以大大简化，只需将穿枋穿过檐柱向外伸出若干尺寸便可承挑屋檐，比用斗拱层层出挑要简单、合理得多。如在正房二层金柱外出挑时，则金柱与檐柱用穿枋连接，穿过檐柱出挑的穿枋直接与吊柱连接即可。

厢房二层出挑时，因厢房进深较小，中架常用两柱。出挑部分直接在檐柱柱头和距离楼层地面一定高度的地方，另加短枋与吊柱连接，简单方便。

以这两种构架形式为基础，结合其他一些细部处理，构成了和顺合院民居中常用的三类构架，即平房类构架、楼房类构架和杂屋类构架。其中正房又分三架、五架、明三暗五、三架拖一步等几种构架形式。

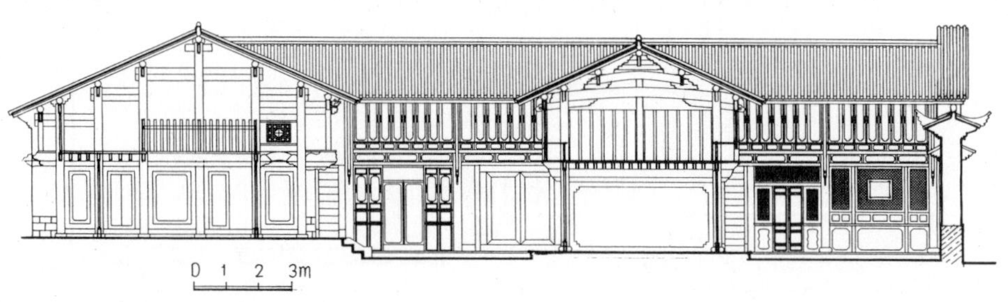

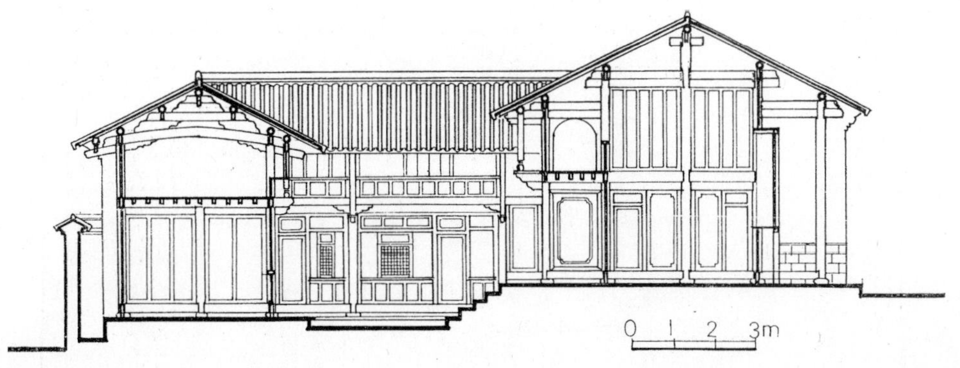

木构架应用部分实例剖面图

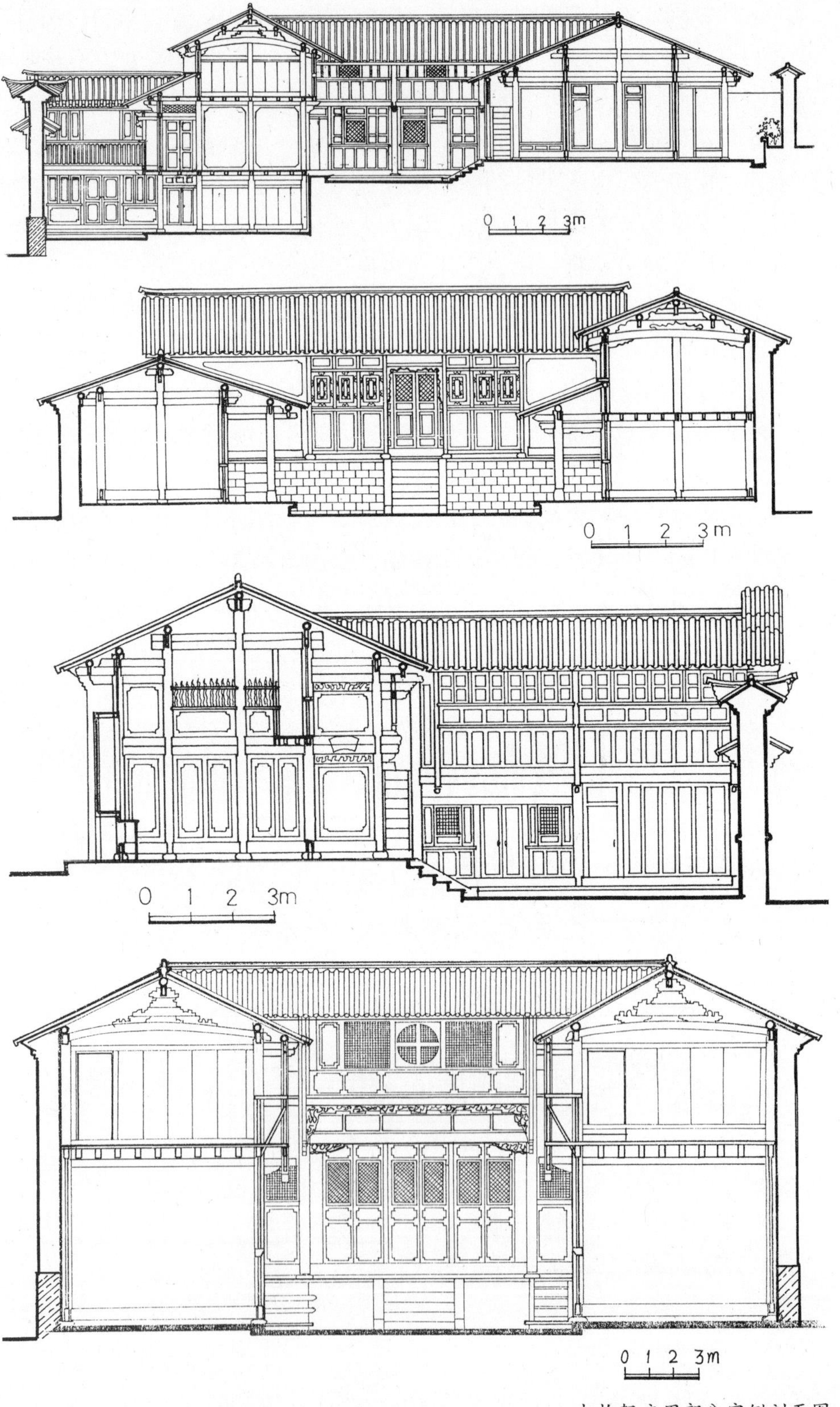

木构架应用部分实例剖面图

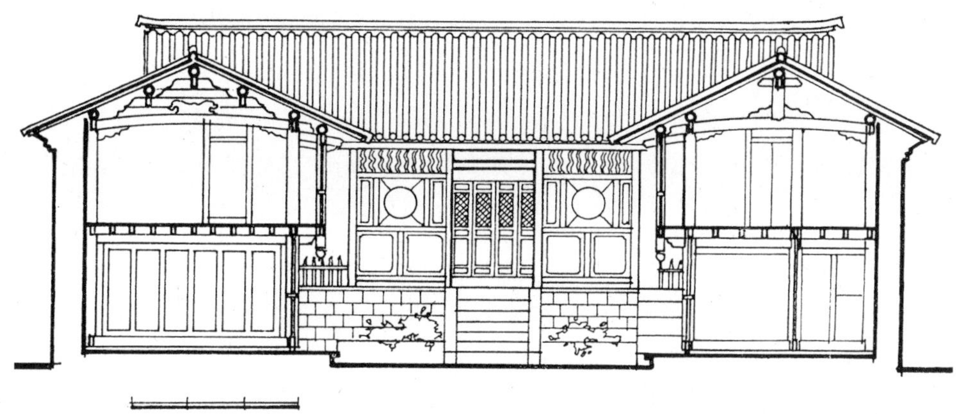

木构架应用部分实例剖面图

据一位民国十九年（1930年）就到和顺乡建房的老木匠刘锦锡师傅说，在和顺乡建房，无论是正房或是厢房，每类房屋的构架高度都以檐柱的高度为基准，然后根据房屋屋面的“水法”（即坡度）来依次确定金柱、中柱的高度。确定的规律是用柱间的进深尺寸乘以屋面的“分水”。和顺乡合院民居的屋面坡度一般在4分水~4.5分水之间。低于4分水时，屋面坡度较为平缓，排水不好会影响到下面的椽子及木构架；高于5分水时，又因常采用的是“板铺板盖”的响瓦屋面，则瓦片容易往下滑，出现脱节、漏缝现象，特别是在靠近屋脊处，也会影响到房屋室内。比如说，当檐柱高9尺、檐柱与金柱的进深为5尺、金柱与中柱的进深为6尺时，假如屋面坡度为4分水，则：

金柱高 = 9尺+5尺×0.4 = 1丈1尺，

中柱高 = 1丈1尺+6尺×0.4 = 1丈3尺4寸。

而屋檐出挑的长度一般不会超过檐柱与金柱的进深尺寸，而以屋檐滴水滴在房屋台基边为宜。

（二）民居的细部装饰处理

装饰其实是一种表白的手段。传统社会由于等级严格，事事都要了解分明。透过房屋上各个部位的装饰处理，我们很容易就能了解一幢建筑物以至一个人、一家人、一群人的社会性质和地位，毫不含糊。有身份的人用装饰来“标榜”，没身份的人用装饰来“寄托”。生意人的装饰一本万“利”，读书人的装饰讲求“名”气。世俗固然可以借装饰为乐，清高也免不了用装饰自愉。官府用装饰来壮威、粉饰太平，宗庙也可以用装饰来儆世劝善。装饰既可以瑞祥降福，也可以避邪克灾。装饰最讲潮流，装饰也最关注传统，装饰的意图很精神性，装饰的技术却很现实性。

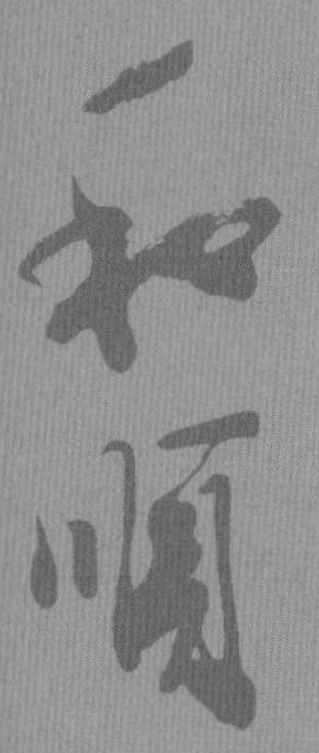

适当的装饰会锦上添花，过分的装饰会弄巧成拙，至于如何才是恰到好处的装饰，每个民族、每个地方、每个时代都有它的特殊倾向。

传统民居中的装饰，是民居功能从物质领域向精神领域的延伸，它既能丰富民居空间的视觉效果，又能丰富民居空间的文化意味，成为民居建筑艺术的重要组成部分。其装饰的核心即是把居住者的追求审美、观念心态凝固在以结构构件为依托的各种形象与符号之中，而且把装饰的重点都放在当眼处，人们不但在户外可远观自然美景，回到家里仍可近赏精雕细凿。

房屋构架决定屋宇的形象，外露、交错的主要结构构件，合乎规律与逻辑，其粗细、宽窄等比例尺度本身就具有高度的审美价值，如果再在上面进行装饰凿弄，搞不好甚至还会影响到房屋整体性的安稳，于是一些外露的梁头、吊柱，室内、室外非结构类的隔扇、门、窗、栏杆便成了重点装饰对象，当然还有夺目显眼的入口门楼以及堂屋室内家具的陈设。

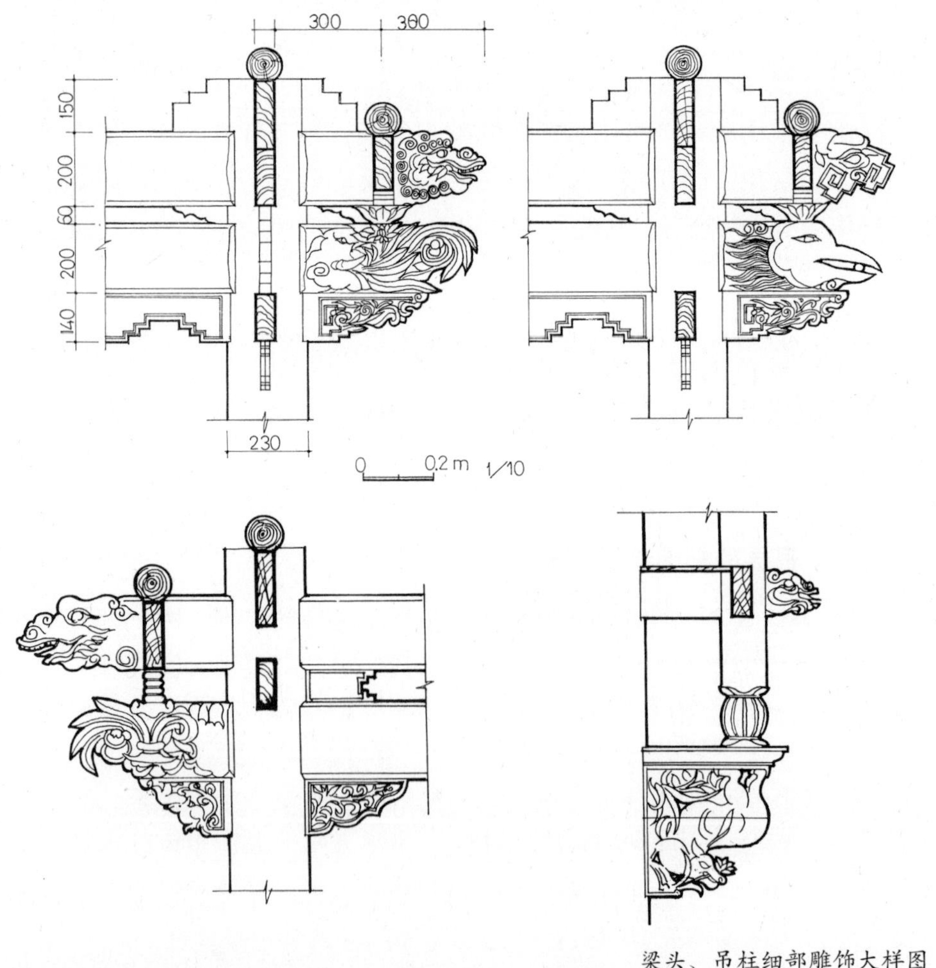

梁头、吊柱细部雕饰大样图

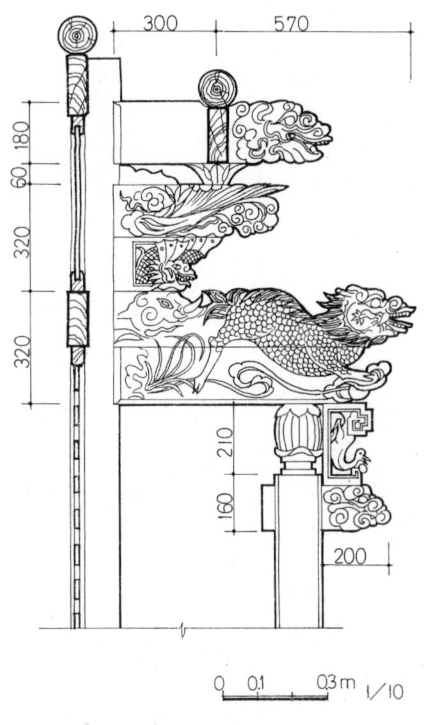

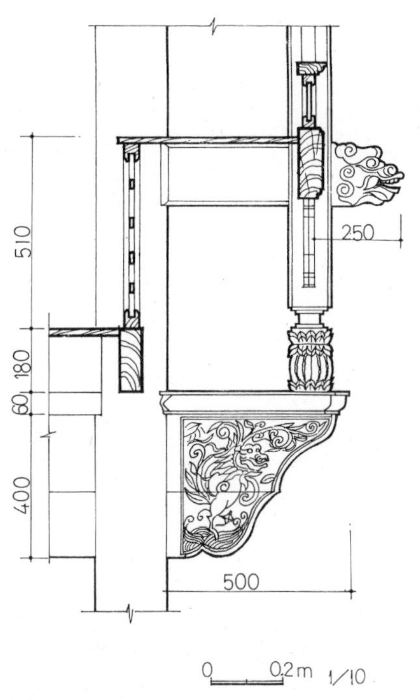

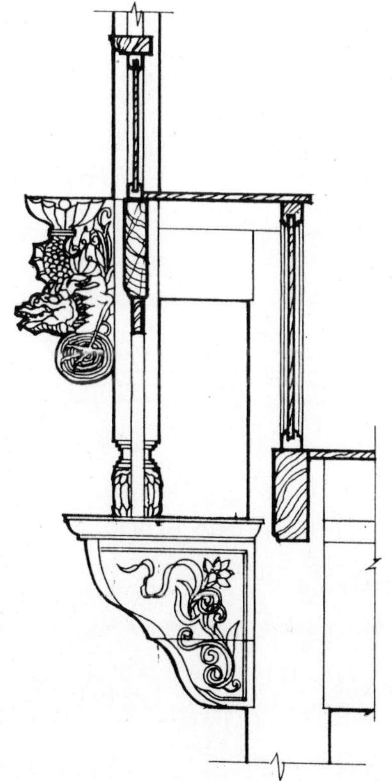

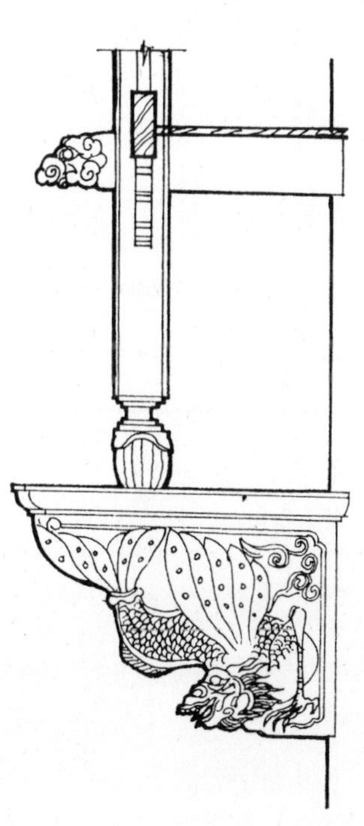

梁头、吊柱细部雕饰大样图

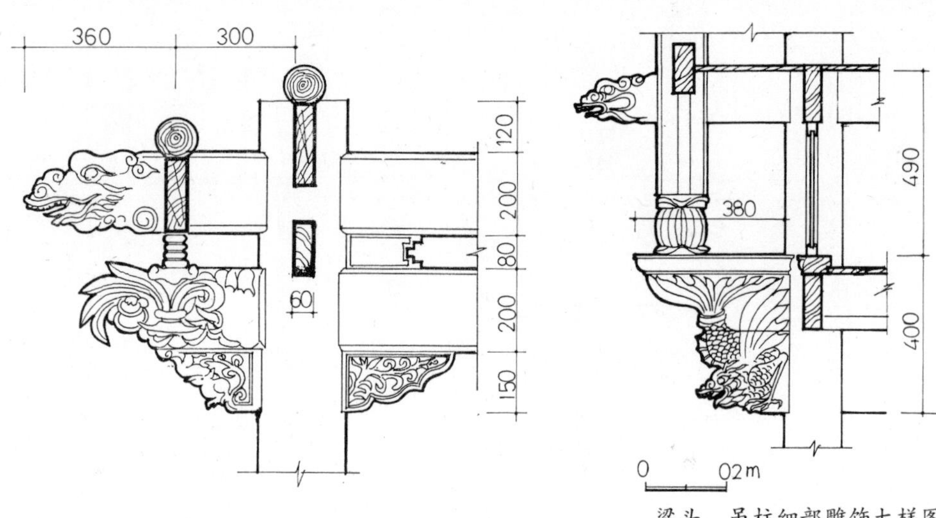

梁头、吊柱细部雕饰大样图

外墙圆拱窗大样图

作为主要由汉族移民发展而来的聚落，而且建盖的匠师也是受汉文化熏陶、掌握汉族传统木构技术的剑川木匠，在装饰的内容题材上，自然脱离不了汉族传统文化思想所包含的多种表现。比如祈福吉祥的福、禄、寿、喜，六合同春，连年有鱼，龙凤呈祥等及与此有关的一些动物、植物形象代表；或是传礼说教的渔、樵、耕、读，二十四孝，兴家立业、求取功名的诗词传说、名人典故，并且这些装饰图案，不施油彩，以保留楸木质感纹样本身的可观赏性。

而住家也往往通过这些天天耳闻目染的有形装饰，作为一种愉情悦性、言情托志的媒介，代代相传。那一个个活灵活现的马鹿、凤鸟、狮子、麒麟，那一幅幅玲珑剔透的花饰图案，那一扇扇疏密有致的木格花窗，里里外外透出的不仅仅是木工匠师们精湛的高超技艺，更表现出当地人们热爱生命、追求美好生活的热忱和希望。

另外，在和顺乡合院民居的门窗装饰中，铸铁与玻璃（包括彩色玻璃）以及水泥、石膏等材料，已被引入，与木质材料有机组合在一起广为运用。这与同时期其他地方合院民居相比也是独一无二的。这一方面表明和顺乡人有条件买得着、用得起，另一方面也表明当地人在崇尚传统的同

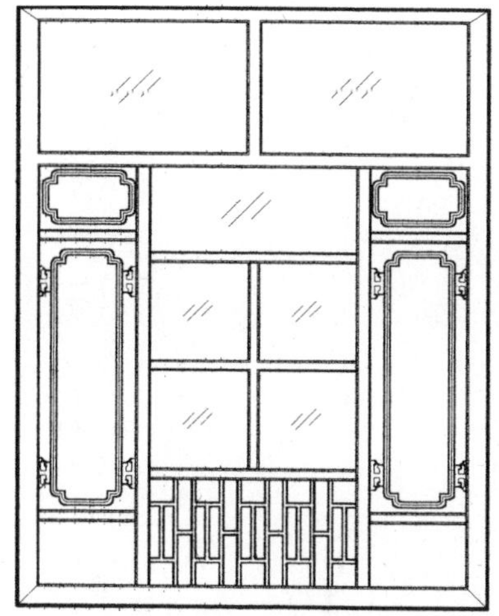

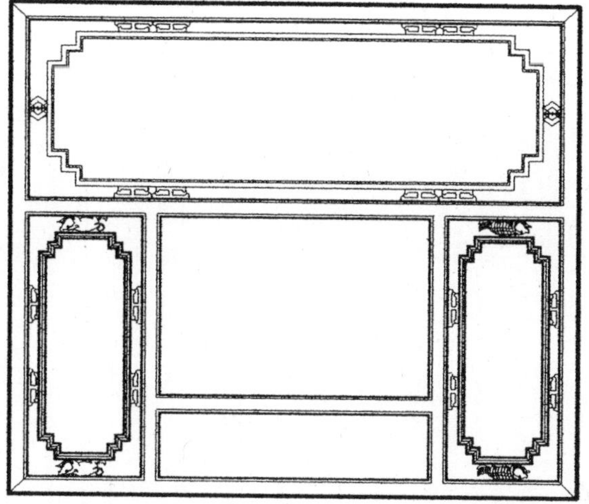

室内各种图案组合的木格花窗

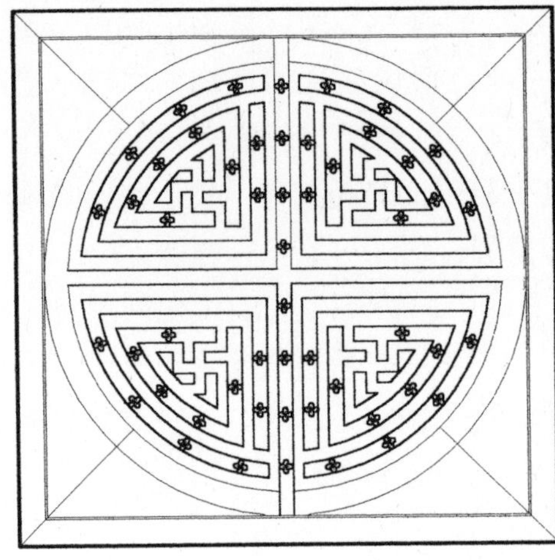

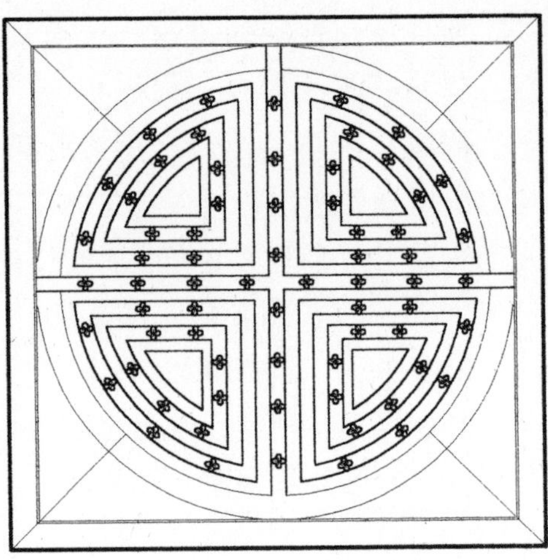

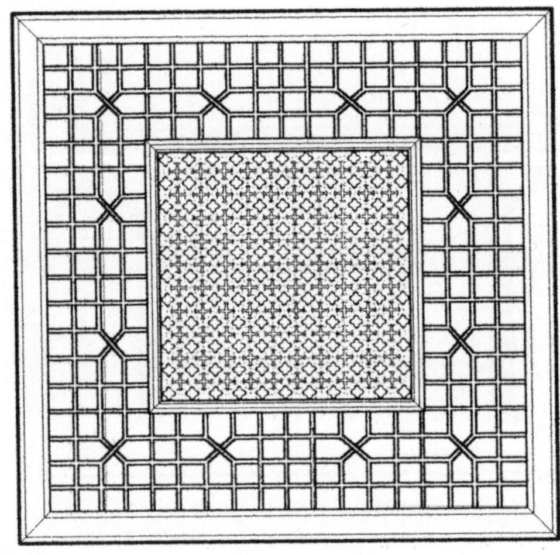

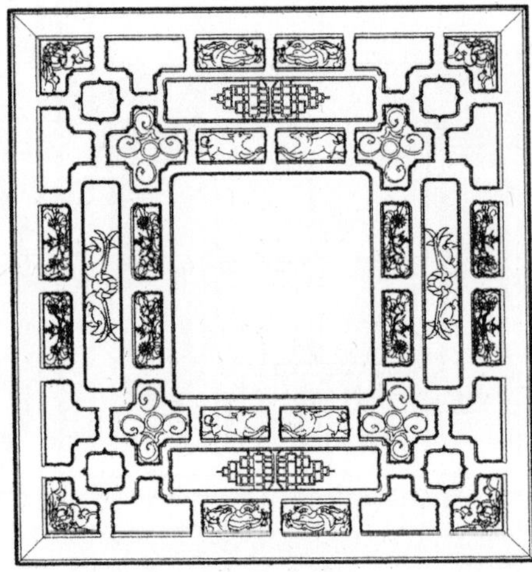

室内各种图案组合的木格花窗

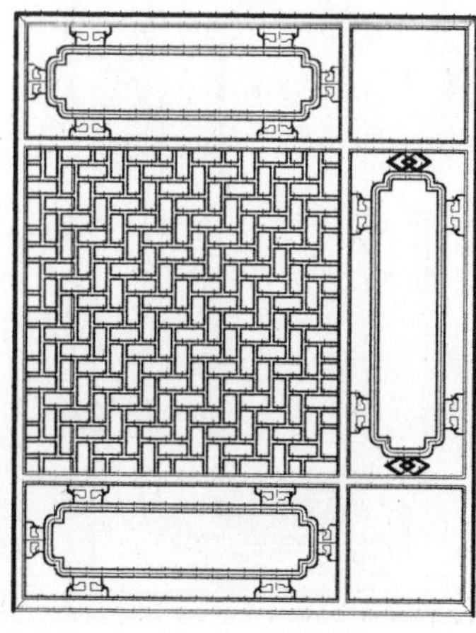

室内各种图案组合的木格花窗

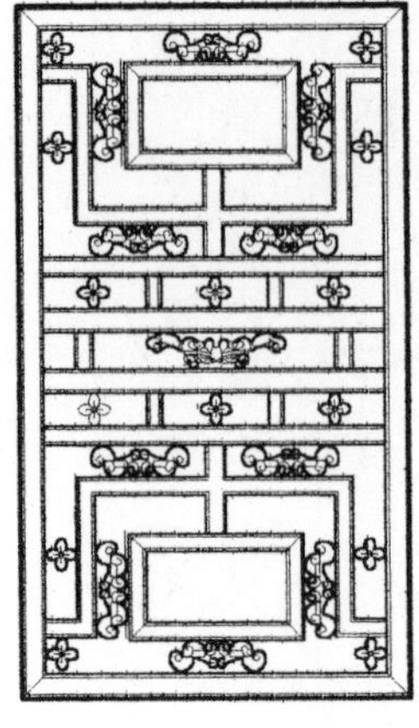

室内各种图案组合的木格花窗

窗花上篆刻的“福、禄、寿、喜”字样

预制铸铁花窗

时并不一味地恪守旧规，而是以一种兼容并蓄的开放心态来吸收、借鉴外来文化。

五、几个典型的实例

（一）艾思奇故居

当你沿着和顺乡弯曲自然的环村道路往东走到水碓村时，会不禁心里豁然一亮，觉得真是“柳暗花明又一村”。这就是哲学家艾思奇的故乡，多少中外游客驻足瞻仰的地方。

元龙阁龙潭边上的水碓村（原名蕉溪村），数十户人家沿山而居。1910年，艾思奇就诞生在这里。艾思奇原名李生萱，在家里排行第二，中学时代就参加革命工作，23岁时在上海写成了脍炙人口的《大众哲学》，成为全国知名的哲学家。艾思奇故居建于1911年，为一幢中西合璧式二层砖木结构的四合院民居，建筑面积932平方米，由正房客堂、居室、书房、庭院等组成。正房为两面带檐廊的四坡顶，左接一花厅。正房前厅有一石砌圆形拱门，圆拱门两边设有带花格漏窗的八字引墙与厢房山墙连接，引墙前置台立石柱，拱门前施弧形踏步，顶上设为露天交通平台，边上围有低矮透空栏杆（水泥制品）。这一中西结合的圆拱门，青藤缠绕，素雅别致。空间上将四坊围合的天井庭院分隔为前后两部分，但形式上又一反传统照壁墙单一封实的做法，居中做成圆形拱门，形成前后两空间相互对望的景观，视觉上有变化、有联系。而更特别的是门上布置的平台，功能上为两侧厢房及正房二层的交通联系枢纽，与二层环廊组成“走马转角楼”之形，不需再上下楼便可走至二层各个房内，同时又做成一个花卉绿化平台。

由于艾思奇故居建在水碓村山丘的最高处，于是，在面向田园风光的西北角，结合不规则地形的后花厅设了一个阳台，用材及造型均为西式处理，铁质栏杆、旋转楼梯和砼梁柱平台。这一开敞的阳台，可供人们从二层室内到此远眺聚落远处的自然景色，另外也起到一定的交通疏散、方便上下的作用。

高墙大院、通栏串楼的艾思奇故居，外墙砖石、门窗做工精细，整体造型带有一点洋味。最有特点的是，入口大门设置在厢房与对厅相交的一角，并与院落的轴线方向转了45°角，进门后还立有一屏风以遮挡外部视线。这一结果是一种对所处地形环境经过认真分析、考虑后，在不影响内部格局使用和传统门向开设观念前提下的巧妙布置。从地形分析来看，

改造后的艾思奇故居外观近景

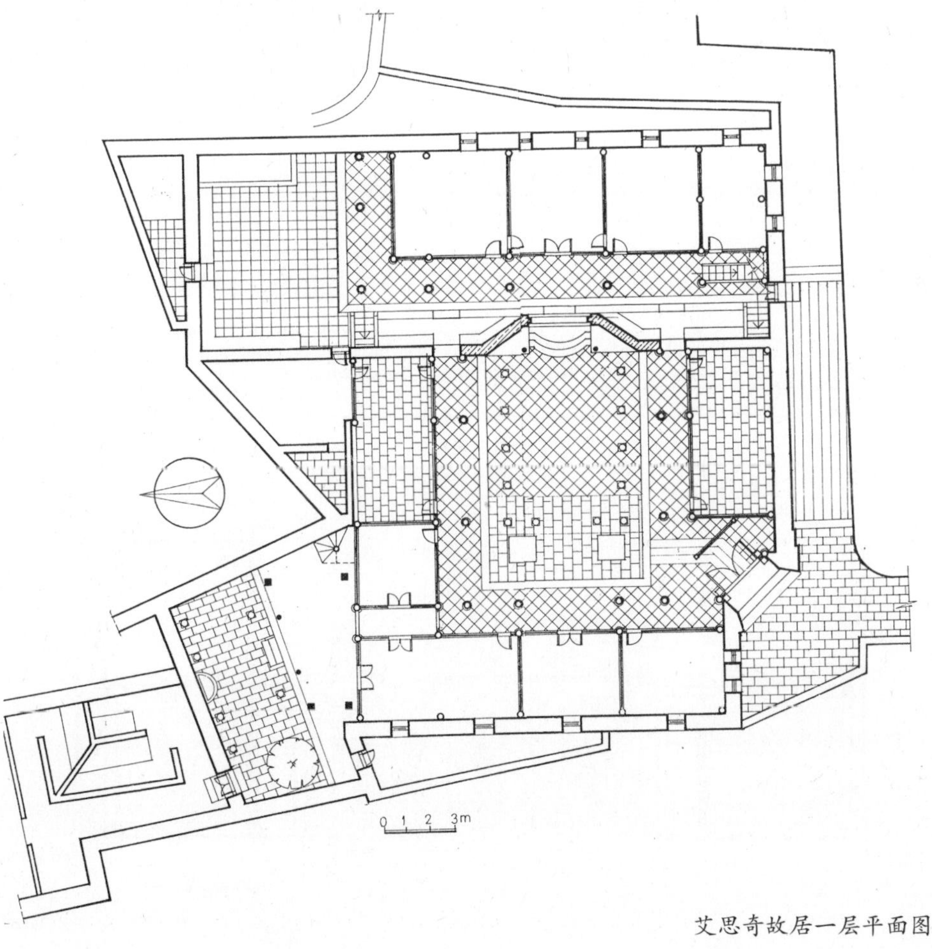

艾思奇故居一层平面图

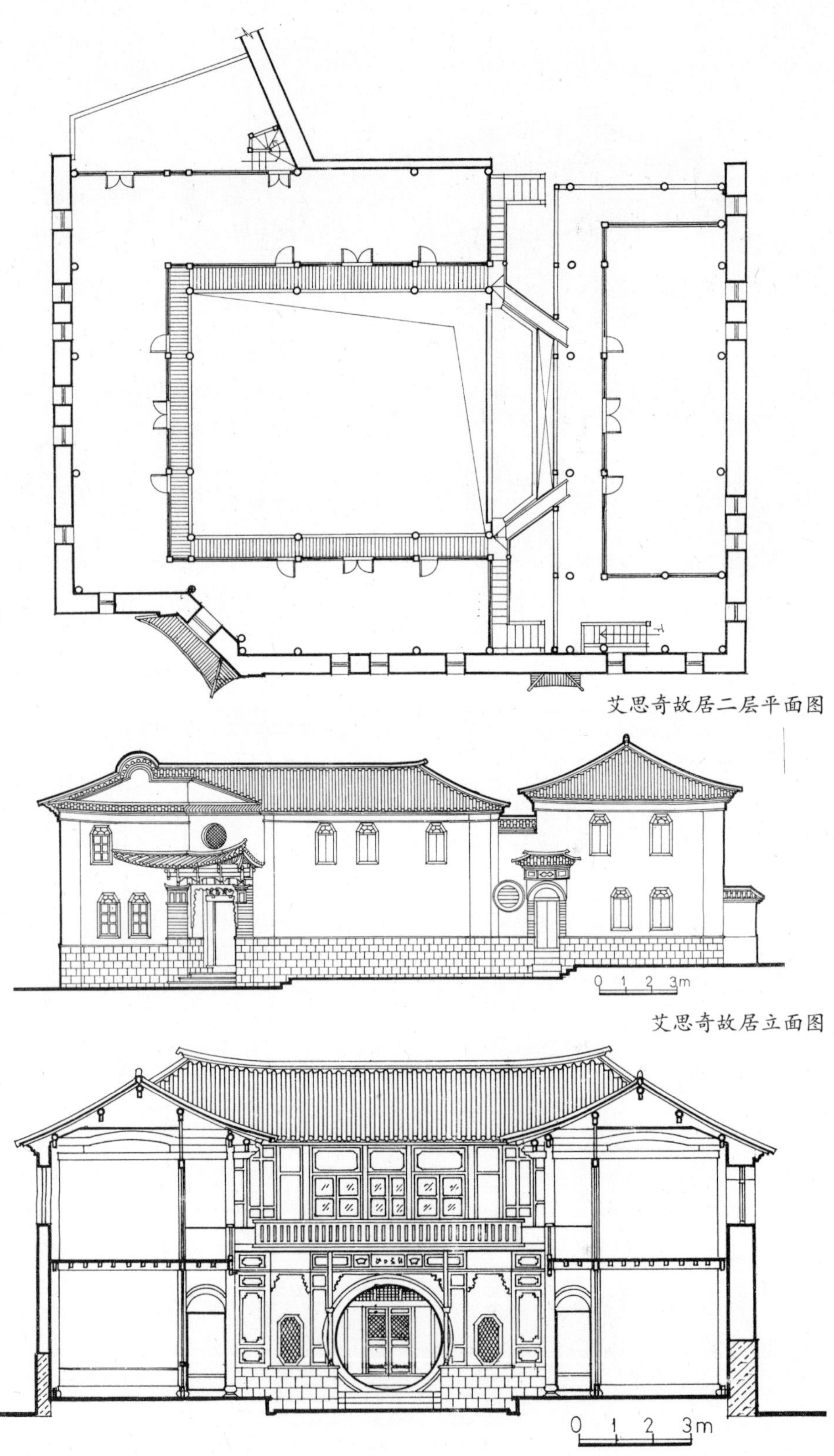

艾思奇故居二层平面图

艾思奇故居立面图

艾思奇故居剖面图

改造前到达艾思奇故居必经的踏步巷道及入口一角

该宅的宅基地南面是一条窄小的村落交通巷道，大门的位置正处在巷道拐角处。如果正对巷道开门，既犯了被“路冲”的不吉，也影响了室内使用布置的不利；如往上移，在南面厢房中任何一开间或厢房与正房空出的地方开门，则门前的巷道空间太狭窄，连日常搬运大件物品也要受限，且一出门就感觉面前的墙壁堵得紧，其他三面又不具备开门条件。为了克服这一地形现状的不利因素，于是将西向的一坊房屋退后少许（约2米），使村落巷道的拐角处节点空间有所扩大，然后将大门转一角度置于两坊房屋走廊交通衔接处，使门外不致太堵，且转角度开设的大门及门上挑出的屋檐、开设的圆形窗洞在巷道远处看，半隐半露，具有明显的空间引导与提示作用。当随着人们向前走近，一个构图完整的大门造型才展现无遗。而当进门转过屏风后，看到的又是院落内布置整洁、自然的另一番景象，让你不得不赞叹其构思的精妙。当然，现在当地政府为了宣传、保护和便于游人参观，已将其前面拓宽，修成了一个大花园，使院落整体形象完全露出，上述所说空间特点已无从体会。

据乡人说，现在被列为省级重点文物保护单位的“艾思奇故居”（1987年公布），是李氏的新家，是艾思奇的父亲李曰垓先生新建的。艾思奇既不是在这幢新宅里出生的，也没有在这新居里住过。艾思奇真正的故居是在这幢新居后面的李家老屋。李家老屋是一院木构“一正两厢”式

的传统平房，现在仍旧保存着，里面还住着艾思奇的同祖亲族。

"艾思奇故居"是李曰垓先生在香港请人设计图纸，并将图纸寄回腾冲，委托家中亲友帮助监造的。但新居建好以后，李曰垓先生却不满意，认为自从建了这幢新居，他的事业及仕途就很不顺利，因此，他平日仍旧住在李家老屋，只有在宴请宾客时才到新家住几日，新家也总是门虽设而常关闭。

（二）黄果树寸宅

这是由两个院落横向拼接而成的一类宅院的代表。从组成宅院两个院落的房屋格局看，同属于"一正两厢带花厅"型，但房屋建造的质量（内部和外部）明显地反映出建造时间的先后及投入财力的多少。共用的大门按前面所述布置手法规律，没有直接向北开设在环村道上，而是凹进一块宅前空间作为门前缓冲，使独立式大门得以转向东北向。进大门后是一段不规则的门道过渡，走几步上台阶便是嵌贴在厢房山墙端部的第二道大门，门后又是室内门道，然后分左右进入两个内院。

右边院落属先期建盖，单层正房位于高台基上，正面保持有"天地笆"装饰护栏，两厢为带廊厦的二层房屋，花厅为单层平房，厅前设有天井花园。房屋整体相对低矮，用料做工略为粗糙，虽仍有人居住，加上院

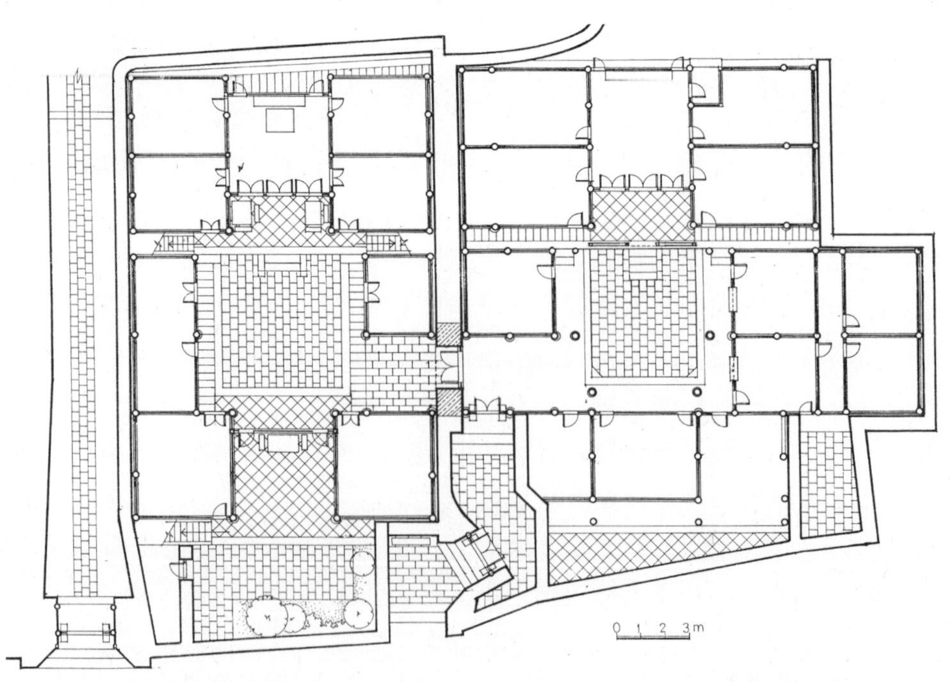

黄果树巷口寸尊福宅一层平面图

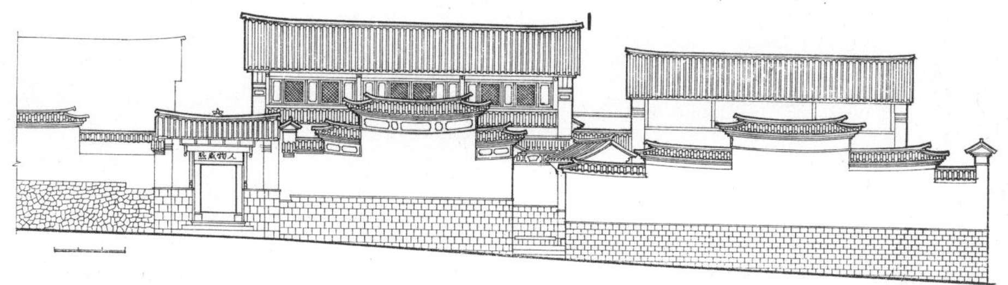

黄果树巷口寸尊福宅立面图

黄果树巷口寸宅外景

内两厢杂物随意摆放，花厅前靠大门过道一侧的次间和杂房又圈养猪、牛等牲畜，院内环境显得有点破败凌乱。

而左边院落却是另一番景象。四周的房屋高大严谨，左右对称，正房、花厅、二楼檐下安装有整齐的预制铸铁花窗，统一连续，与其他四面各个木格花窗门扇、细部装饰雕刻交相呼应，相得益彰。天井地面干净整洁，花草盆景井然有序。花厅屏风背面的桌椅家具摆设整齐，构成又一处歇息起居、交往会客的好场所。坐在其中放眼望去，映入眼帘的是由粉墙照壁和照壁前面种植的花木植物共同构成的一幅赏心悦目的自然画景。

同样的空间，不同的环境收拾打整，反映出两种不同的生活方式和两种不同的审美追求。

黄果树巷口寸宅内院花厅照壁

（三）尹家坡刘宅

这是另一类纵向叠加院落的代表。限于地形，刘宅院落面宽很窄，进深很大，只是在临近巷道处面宽才有所增大，形成一个双入口、双进交通线路的院落。

院落临巷道右边，先是一幢“一正两厢”式的标准平面布局，外墙拐角正好与巷道走向一致。进入院内的大门同样先向内凹入一宅前空间，嵌贴式大门设在左边厢房底层，门向面东，保持了两厢山面与三叠水照壁的对称和完整。

经过一段围墙联系，在临巷道左边，又另设了一条与街巷垂直的入户巷道，进入一组由前后三个天井叠加的院落，构成有两个轴线的群体，把整块用地布置得满满的。左边入口巷道与右边“一正两厢”式前院之间，是一块庭院花园，墙上有几幅水墨国画，前院左边厢房底层的厨房，兼做户内两个庭院进出联系的交通通道。

后院的正房与厢房紧密连接，地面由前往后依次升高，堂屋设在最后一进正房内，并且正房后还辟有小块的后花园空地。前面两进的正房明间实则为过厅通道。各幢正房、厢房的二层均可前后、左右相互串通。

最为独特的，是在第二进天井内，用青石精工砌成的一道二层圆拱空廊。这一“西式”石质空廊线脚收边，端庄稳重，与周围几乎全是线性化的木质装修形成质感、色彩和体量上的对比，成为天井内的视觉中心，其空廊位置，如同其他院落的照壁，高度在天井内看刚好把前面房屋的屋顶

尹家坡中巷刘启珖宅院一层平面图

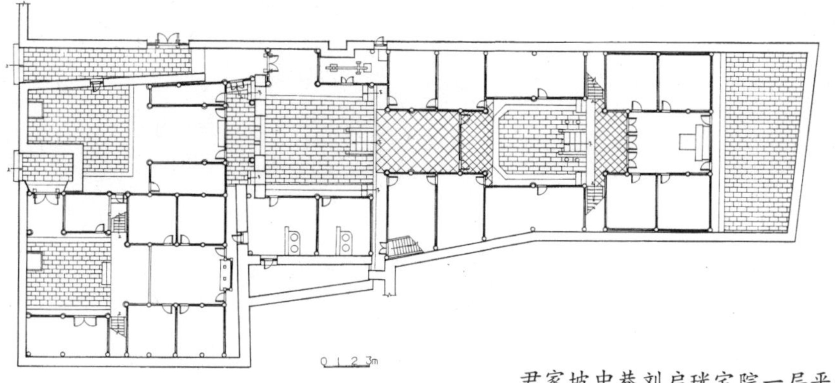

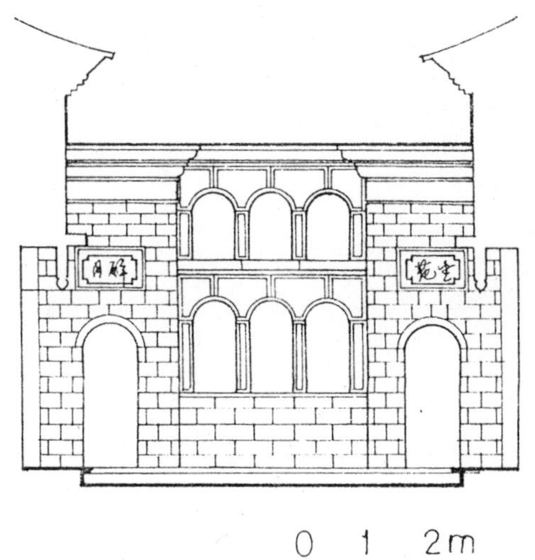

刘宅内院西式圆拱照壁大样

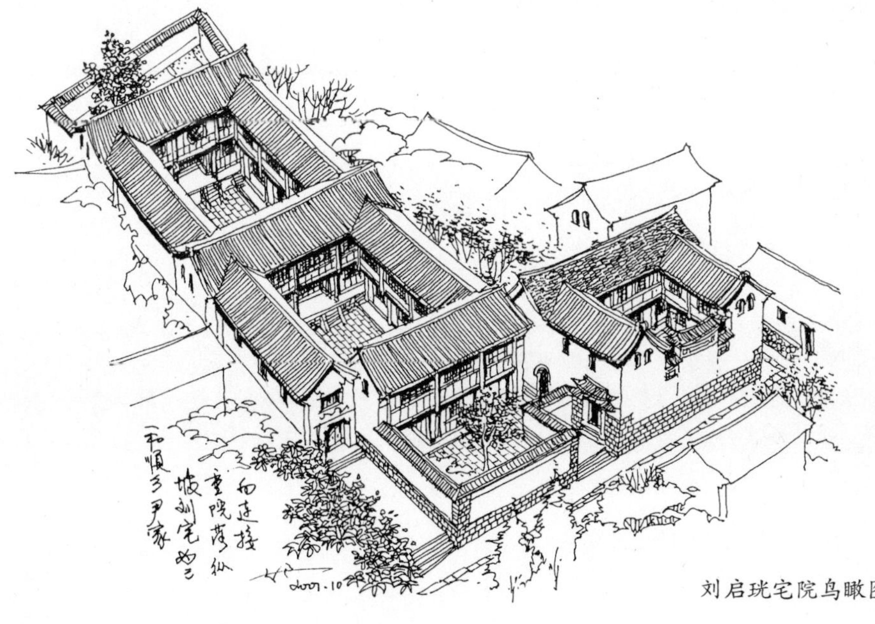

刘启珖宅院鸟瞰图

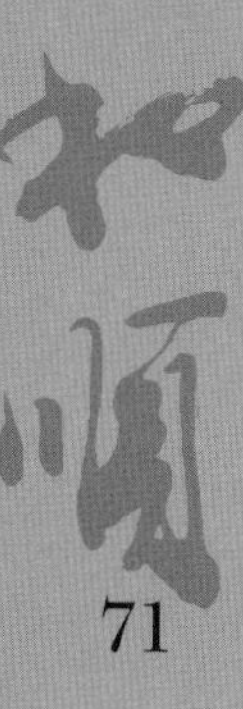

刘宅外形

刘宅内院圆拱照壁

遮挡住，两边进出的拱门上还分别刻有“座花”、“望月”四个字。

据说这一特殊形式的空廊照壁，实际上是一座“百岁坊”。是民国年间刘姓家人，为了纪念其老祖母的百岁寿辰而修建的，但苦于宅院户外附近已无可建地点，又不能把它建在别家地盘或是离本家很远不沾边的地方，不得已选择在自家院内，把牌坊与照壁两者合为一起修建，也算是一项创举。

（四）大石巷“弯楼子”

说起“弯楼子”，恐怕当地及附近乡县的居民无人不知、无人不晓。“东董”、“西董”、“南刘”、“北邓”、和顺乡“弯楼子”，都是当年人们对腾冲豪商巨富主人家的简称、代称。

“弯楼子”其实是针对和顺乡大石巷李家宅院房屋，随道路走向自然弯曲的建筑外形的直观称呼。而且，在和顺乡这一类与地形道路紧密结合、随弯就曲建盖的弧线形外墙院落远不止一两户，只不过因为他家的财力、势力、地位、声望名扬四方，房子弯曲得又最明显，慢慢地在人们的心中就形成了名号定式和家族象征。

“弯楼子”属于横、纵双向组合的多院落宅院，主入口从大石巷先上几个踏步，经过宅前空间转折进入独立式大门后，再经门后过渡，由第二道嵌贴式大门进入院内，使人在行进中感到空间在不断地收放变化。

宅院前半部分是三个天井，横向一字排开，中间厢房底层靠下端山墙

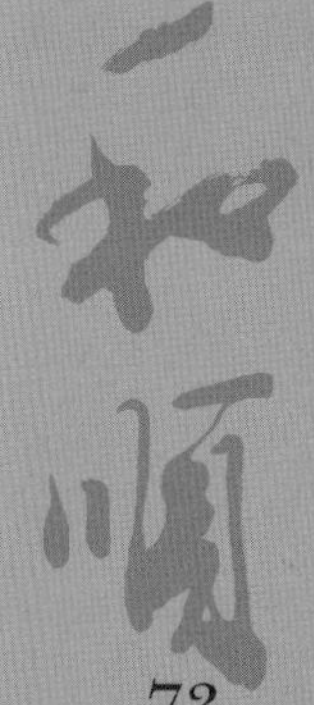

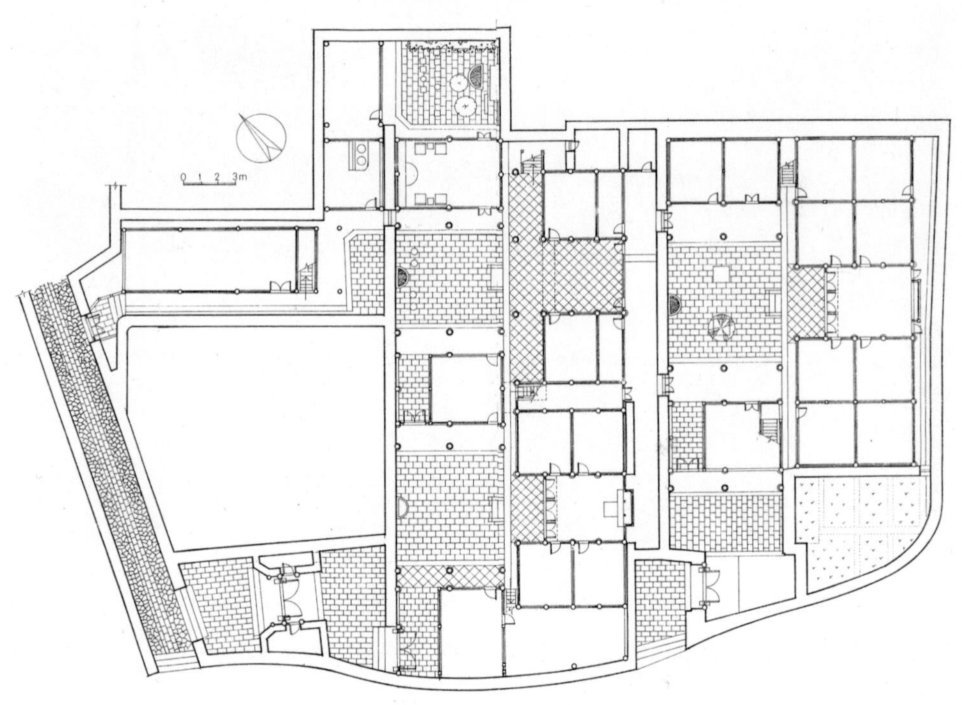

大石巷“弯楼子”李宅一层平面图

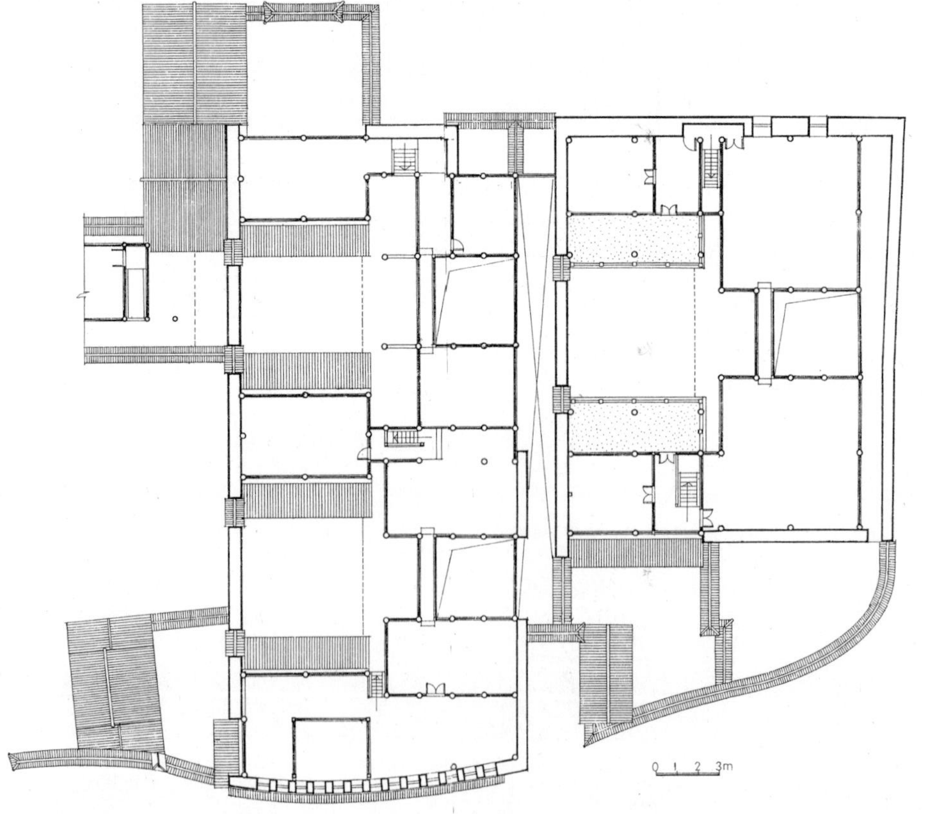

二层平面图

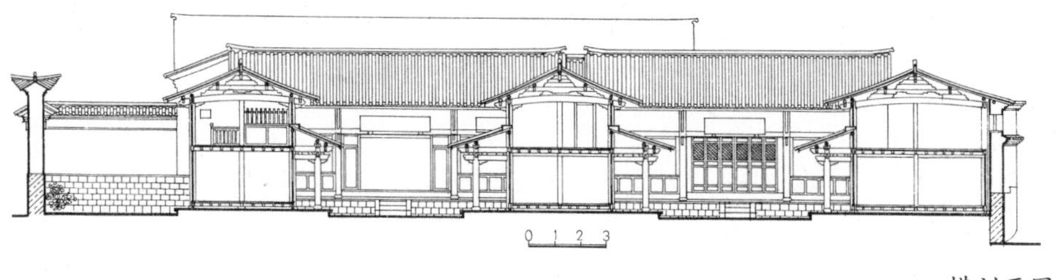

横剖面图

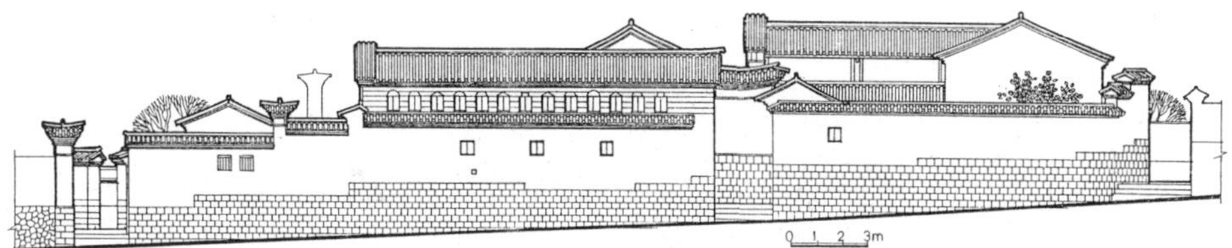

沿街巷立面图

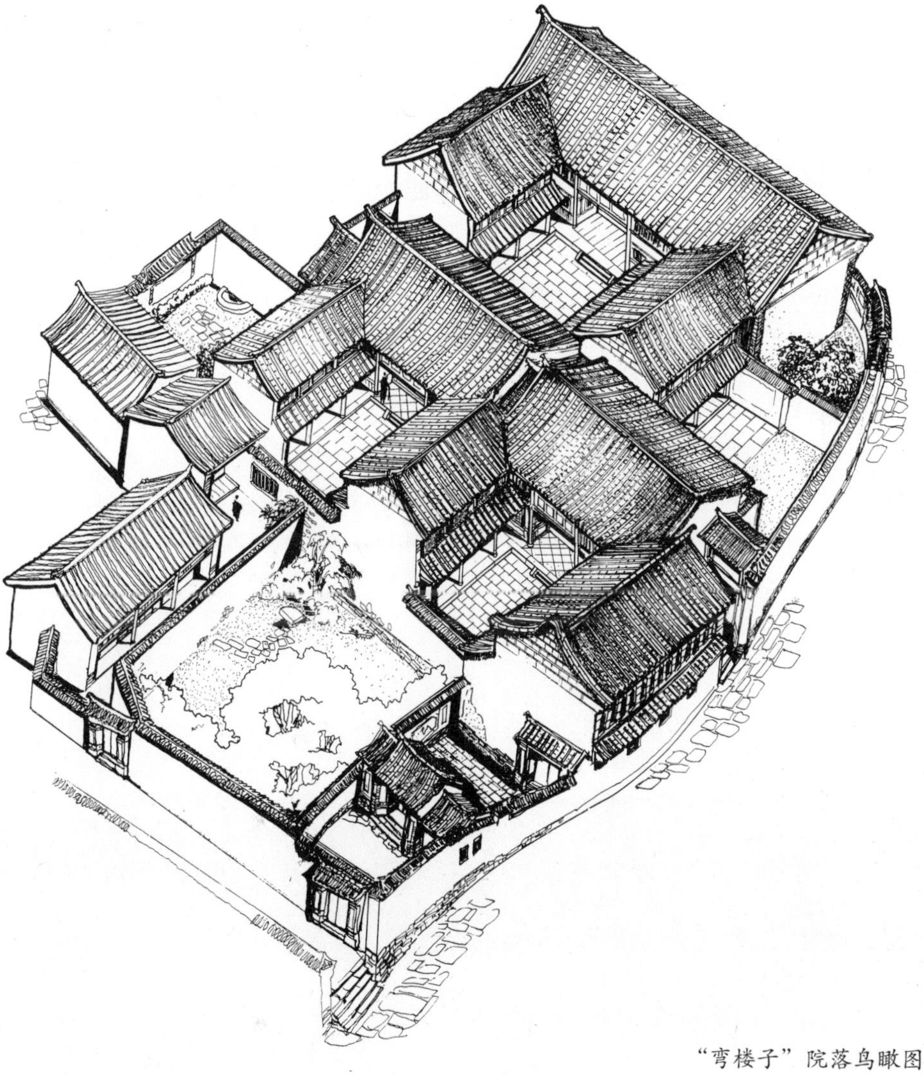

“弯楼子”院落鸟瞰图

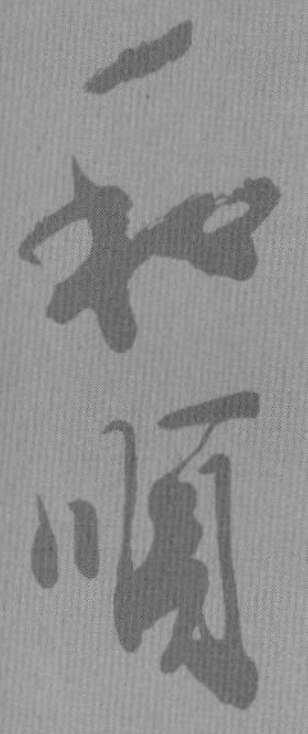

面的一间开设成横向通道，正房与厢房相接处的廊檐也做成联系左右的通道（比较狭窄）。最靠里也是最安静的一院，设为书房和花园。厢房底层做接待用的花厅、茶房，清一色的老式桌椅、家具与墙壁上悬挂的书法、绘画、大理石装饰挂屏、创业起家者的老照片等，使这间不足20平方米的房间散发出浓浓的书香气息和历史意味。

正房和两侧的厢房均为带厦的廊檐式构架，虽然有两层，房屋尺度到也不高，院内整体的空间尺度比较宜人，两幢并列的正房明间堂屋，前面均保留着“桥廊”的设置。因带廊厦，“桥廊”的位置由金柱往堂屋内靠，堂屋顶上留空。堂屋门头上悬挂匾额数块。露明的檐柱与金柱下檐组合梁枋上刻满诗词，可惜“文革”中被大量铲去，只留下一些笔画边脚。

在中间天井照壁的前面，又有一小院，建有专用于贮藏的二层仓房一幢，四开间，在端部檐廊前另开设侧门一道，通过巷道与主入口处相接，既方便贮藏物品的进出搬运，又不致影响到内院生活。

宅院的后半部分，是在中轴线上增建的一组“一正两厢”式院落。照壁墙与前面正房后檐之间形成一横向的暗道，这种做法常见于许多前后相连的宅院中，既为交通联系空间，也使前后房屋建筑构件、墙体彼此分离，互不影响。

与前院不同的是，后院房屋高度加大。正房堂屋也同样保持“桥廊”的做法，可两侧的厢房却大胆地把底层原本是廊厦的坡顶瓦面，改建成水泥浇筑的平顶阳台，台边设铁制栏杆扶手，台上再对位立柱、架梁，将二

弯楼子外观造型，简洁、弯曲自然

内院天井整洁、亲切宜人

双重照壁

层屋面延伸覆盖在阳台顶上，使阳台成为有顶无墙（板）的半室外空间。虽然做工不成熟，却不失为一种新的尝试，毕竟这是新材料、新观念、新形式在老传统住屋上的初露头角。

从右侧厢房下穿过一门，又是一个小院和另一道开向大石巷的入口门楼，门前边也向内凹入一小块，门后原有小间单房与之紧接，现已烧毁。

很明显，前后两部分院落分别建盖于不同的时期。整个“弯楼子”院内空间布置对称，方正严谨，而外墙则灵活变化。如靠巷子道路的厢房、院墙随道路自然弯曲成一柔和的弧线形墙面，特别是沿街二层的厢房屋面、腰檐也做成弧线形，而非仅仅是围护墙体，加之那一排窗顶拱檐略有变化的而又有韵律节奏的连续小窗，与檐口、墙面、石脚、道路及道路石材铺砌的线纹，形成了点、线、面，形、色、质，光与影的多种对比变化，成为大石巷中一个特殊的景观视觉焦点。

（五）张家坡张宅

张砺家宅位于张家坡张氏宗祠之后，前面是一片开阔的大荷塘。宅门前巷口原立有石牌坊一道，现仅剩残壁断柱。巷口对面的荷塘边砌有弧形月台一个，牌坊与月台的设立足以表明张砺张举人早年在乡中的身份及地位。

张宅是一户“四合院”式的平面格局，也可以说是“一正两厢”式基本型加倒座的布置。与其他四合院不同之处在于，张宅的入户大门是居中开设的，这可算是乡中除寺庙、祠堂外，在民居中独一无二的做法。因受地形、地势的限制，门前又无回旋余地，如按常规，大门可以往上移，开在左边厢房山面，则室内坡坪比外面巷道低，进门就得往下走下坡路，忌讳。如开在右厢房一边，室内外的高度悬殊更大，只好将门居中开设。好在有个倒座空间可以调整，为避免一开门就被外气直冲正房堂屋，于是加设屏风门一道，平时进大门后分左右进出，非常或特殊使用时打开屏风门。也可能是因为门要开在正中，出于同样考虑才做成倒座形式，总之，都是对地形考虑权衡之后，才决定这么做的。

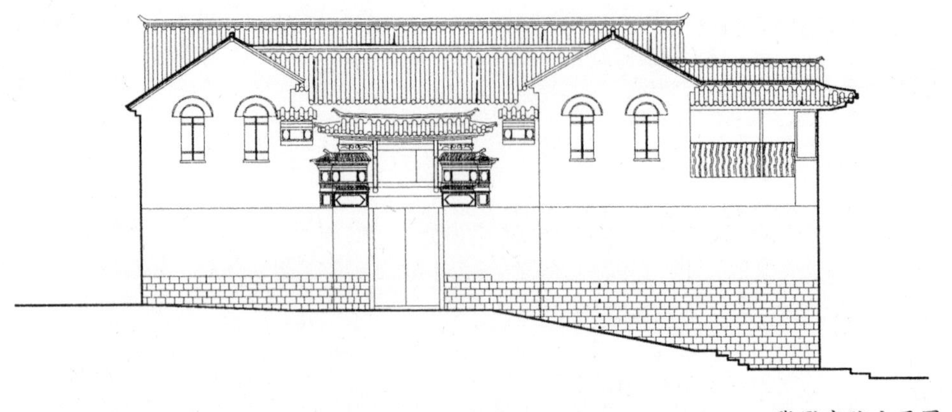

张励宅院立面图

人居和顺

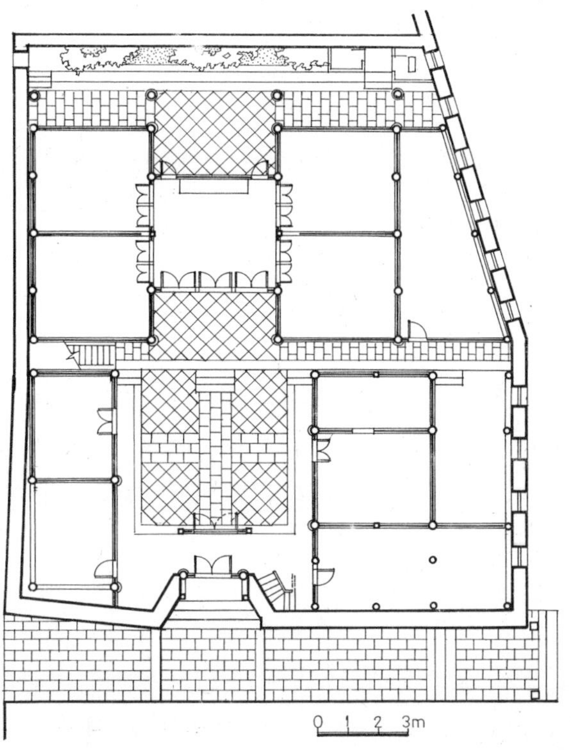

张家坡张励宅院一层平面图

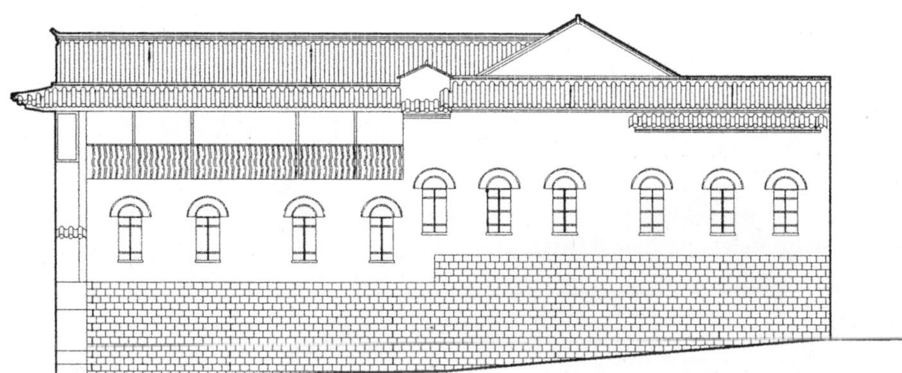

张励宅院立面图

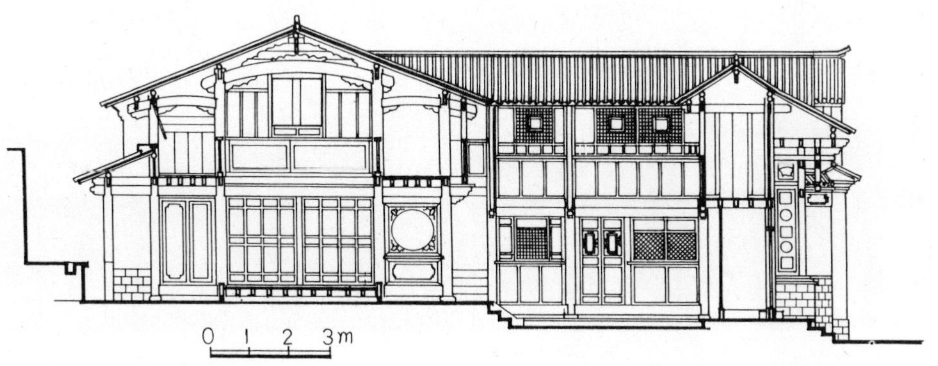

张励宅院剖面图

正房堂屋的上顶仍然留空，但空的范围已在收小。“桥廊”拓宽并与檐口外挑部分相接，正房与倒座二层不是做成封闭的花格窗扇，而是做成开敞的透空栏杆。

张宅最有特点的地方是，在右厢房的二层书房外加设露天观景阳台。因地形靠村道一侧且并非方整，于是便利用了厢房外皮与围墙之间的三角空间做了阳台，既把底层的不规则空间加以利用，作为底层厢房室内的扩展部分，又可在上层读书、学习，或是与好友交流切磋之余，步出室外阳台观远近的山光水色、荷塘美景。

阳台地面为早期从缅甸购进的水泥加砂土浇制，因年日已久，出现裂纹，为防雨水渗漏，几年前又在其上加盖了屋顶。

二层书房面向阳台一侧的门窗扇形、样式分隔也与众不同，使用了简洁的大面积玻璃窗，整片木质墙板门窗中间还夹装一些百叶条，室内局部使用了小块彩色玻璃。余下门窗装饰与其他宅院大同小异。

由于地处双向坡地，室内地坪与外部村道、巷道高差很大，特别是阳台下的墙脚，看上去整幢宅院显得墙高屋长（主要是外墙面与后面一户联为一体），高耸厚实，一组排列有序的圆拱窗洞给封闭、厚实的墙体略微带来点变化与生气。

张家坡张励宅院外形轮廓

张宅转角阳台内景

（六）赵家巷两姓合院

这个实例较为特别，是由村中赵、寸两姓人家在同一块地基上合建，共同居住的，且一直和睦相处至今。

该院平面型制上是由两个“四合院”横向拼连组合而成，中间的厢房合二为一，正房也不是独立的两幢三开间房屋，而是一幢五开间的。正房明间（其实是重合的一间次间）正好与中间厢房相对，居中重合的正房、厢房为两姓共有，并按建房时立下的契约各占一半，楼上楼下协商分定隔断后，房门分别开向各家，户外各设大门分别进出。

这是由于地皮紧张而又能充分利用的一种巧妙布置。就这么大一块地，面宽、进深都受限，并且同属两姓人家，如果其中一家按标准的三开间一正两厢的布局建盖了，那么，另一家势必不能再盖，何况谁家都想有一个对称完整的院落。如果把地基平均一分为二，横向分时，面宽大而进深小，根本无法建盖；纵向分时，各家也不够建盖完整的一正两厢，且靠里面的一户没法开设进出的大门。于是，聪明的匠师灵活地将两个标准的正房重叠一开间，把中间厢房合为一幢，既不浪费有限的用地，又能保持两个院落空间形态格局的完整对称，且两姓人家都能接受，正是“道似无情却有情”，哪里有限制，哪里就有创造。

当然在此之前，两姓人家想必是经过一番激烈的争论，最后在乡绅名流的公证、协调下才达成的共识。谁家前、谁家后，可能是按照抓阄决定

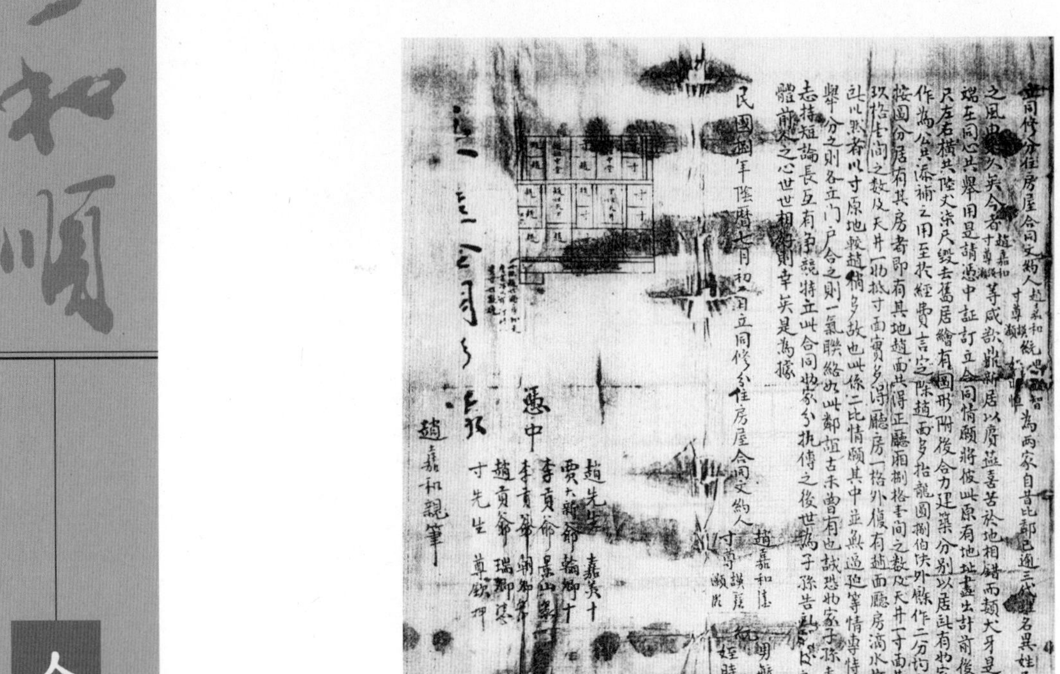

赵、寸两姓立同修分房屋合同文约（由赵姓住家提供）

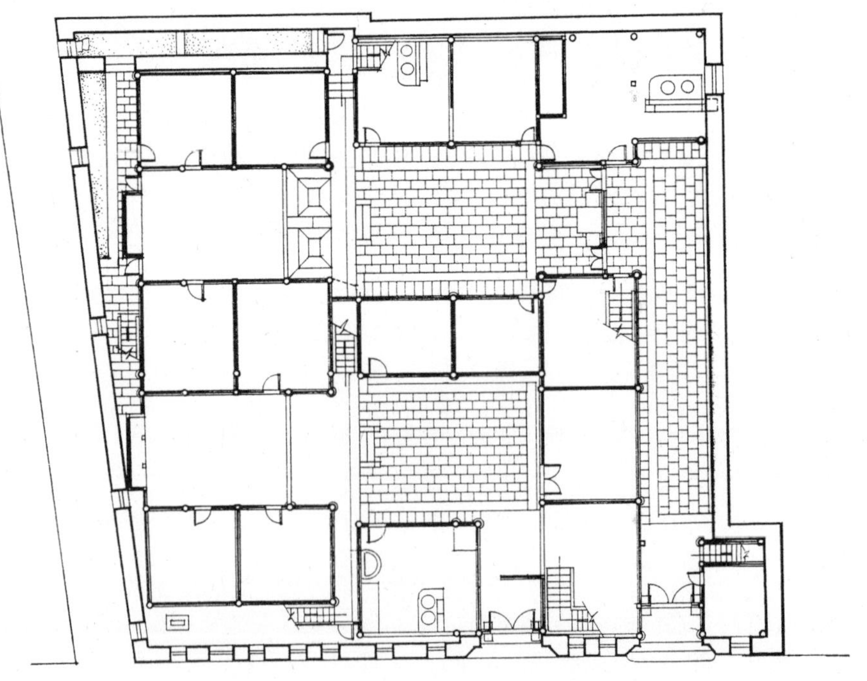

赵家巷赵、寸两姓合院一层平面

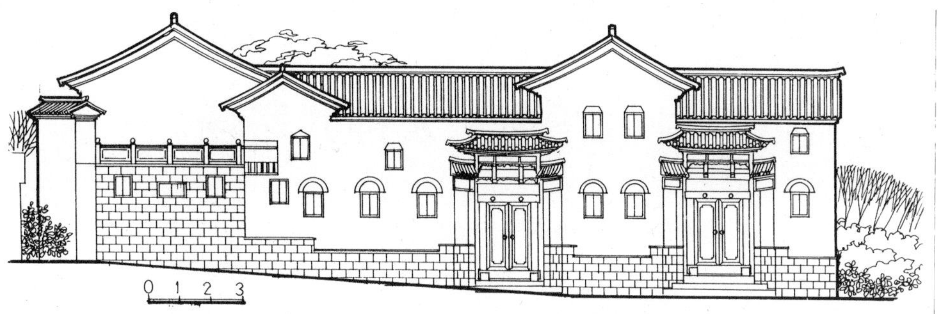

沿街巷立面图，左侧为露天阳台

沿街巷背立面图

的。同时，为了避免日后两家后代会再闹起事端，白纸黑字，鲜红手印，立下分关契约，各执一半，永不反悔。你看那契约上不单文字，连房间简图都画着，哪间属赵姓，哪一间属寸姓，标得清清楚楚，一目了然。

这的确少见，有的同姓血亲之间，分家另立门户时尚且你争我夺，分毫不让，更不用说不同族姓的两家。也许是笔者多余的猜测，人家两姓本来一直就很和睦友善，商商量量把房屋合建好，互相谦恭让定，留下个字据，好让子孙永保友谊，并昭示世人以此为榜样，和睦共处。

精神依托地　人神共居场

——和顺乡的宗祠寺庙

一、体验宗教的寺庙建筑

寺庙是人们体验宗教的场所。人们需要这种体验，因为人们相信，通过这种体验，可以寄托对未来的期冀，可以找回在现实中失去的心理平衡，这便是宗教寺庙广泛存在于城乡之间的主要依据之一。

在实行专制统治的传统社会，除了少数地区以外，政治与宗教基本上是分离的。但是国家也需要这种体验，需要借助于人们的宗教心理来稳定社会秩序，协助国家政治，这是宗教在城乡存在的依据之二。

寺庙是宗教的替身和物质空间，从一个地方的寺庙便可了解一个地方的宗教。

和顺乡聚落居民的宗教信仰是多种多样的，作为本土宗教表征物的“土主庙”，仍保存着古村落一定程度的原始崇拜。

像文昌宫、魁星阁一类的古建楼阁，是儒道结合的产物。而文笔塔，则属儒佛合一的见证。人们把文运昌盛、登科及第的愿望，借助于宗教的外在物形式来作表征，这是宗教世俗化的现象。

有时寺庙数量的增加，并不一定意味着某一宗教的弘扬，相反在一定程度上可以说是神性的隐退，世俗性的渐进。

对于一般的传统聚落村镇，因其基本是以农耕生产为主的，空间功能显得相对单纯，是故，建筑类型主要以民居院落为主体，除了少数几户的私家大院，并无更多其他大型的公共建筑，于是寺庙便成为居民聚会和开展集体活动的唯一场所。村民对公共集体活动进行的行为要求，是促进聚落内寺庙建筑发展的一个重要动力，建起的寺庙也就成为地方民众日常和节日庆典游玩活动的中心。

像和顺乡这样一个独特的边地移民聚落，受诸多历史因素的影响，除了风格特色鲜明的民居合院鳞次栉比、依山而建，构成和顺聚落的整体形象外，其中尚存的大量宗祠寺庙、宫观崇祀建筑、文化及文教建筑等多种乡土建筑类型，既把聚落的自然环境装扮得更美、更丰富，又与聚落的人文景观相得益彰。它们的共同存在，表明居住者在建筑文化上历来倡导文风，尊崇儒教，以汉式传统建筑模式为范本，结合本乡聚落形态构成特点，创造出新的汉文化变异的时空形态，在体现汉文化先进、优越的同时，又得到移民阶层的普遍认同。

这些分布在聚落里的若干寺庙宫观、大小祠堂，十分融洽地或于聚落住区中、或于山林隐蔽处，在共同遵循保护聚落自然环境免遭破坏的原则下，谦和地履行着各自所包容的建筑物质与精神的双重功能。

（一）和顺元龙阁

元龙阁位于和顺乡东边的水碓村，与哲学家艾思奇故居隔水相望。这里绿树幽谷，风光绮丽，龙潭碧水，清澈透亮，真可谓人杰地灵，凤翥龙翔。

“元龙阁枕凤山头，潭水澄清树影稠。”[①]“灵源绿养潭千尺，幽谷青团树一巢。”（元龙阁山门对联）造型丰富的元龙阁依山傍水，楼台迭起，层次分明，古朴幽静，伴随着潭中的游鱼，水亭井边的欢声笑语，周围缤纷的树木倒影和被阳光折射后耀眼的碧波，组成了一幅色彩斑斓而充满生机的山水图画。有诗赞曰：

楼台高下树廻还，山水斜晖凝碧湾。
凤岭晴云围玉带，龙池笼竹毡烟鬟。
可怜月朗风清夕，恍坐冰岩晶域间。
更有游鱼乐似我，波平烂点五云斑。[②]

佳丽地，莫过蕉溪妍，一里龙潭溶日月，九重佛殿傍清山，盛署尚微寒。[③]

再看阁楼内外，古木参天，枝繁叶茂，阁前龙潭，石栏回护，龙潭边上，虬根盘错。凭栏而视，殿阁倒影，宛若龙宫。正如元龙阁山门前牌坊

① 李根源的诗。
② 乡人刘瑞元的诗，载《和顺乡》，第47页，2000年11月。
③ 寸佩久：《忆江南调·元龙阁》。

上所书“隔凡”二字表达的意境，到此地仿佛置身于远隔凡尘纷扰的世外桃源。

元龙阁，原址为观音殿，因殿旁有泉水溢出，水势渐旺，乡人以为有“龙王”显灵，曾大兴“接龙”活动，并砌聚为塘，用以农耕。至清乾隆二十七年（1762年），乡人又在殿前塘边兴建楼阁，取名“元龙阁”（其匾文尚存），有水源龙首之意。村中文人李曰垓先生（艾思奇之父）曾于阁中壁上留诗云：

到此谁分上下床，
迳须交错倒千觞；
剧怜湖海归来日，
百尺楼头鬓已霜。

此诗是借《三国志》中的刘备、刘表和许汜共论英雄人物陈元龙①的豪放情操来抒发感情的。又据《和顺诗抄》记载，清道光二十七年（1847年），腾越州牧彭崧毓也曾为元龙阁赋诗云：

元龙之意何所取？
百尺楼头势轩举；
岂有当年湖海豪，
来寻旧地烟霞侣。

据彭诗可考，“元龙”之意确有寓于其中。由此可见，在兴建元龙阁时，当地文人庶士，借陈元龙之豪气，依山水之源流，而将其古名“观音殿”改为“元龙阁”。

还有一说，元龙阁名称由来，乃取其阁上楹联：“元精含斗极，龙脉焕天枢”上下联的两个首字“元、龙”。

元龙阁是一组儒、道、佛三教合一的建筑院落，现阁内分别建有山门、龙王殿、三官殿、观音殿、魁星阁和百尺楼（“百尺楼”一名，取自汉时陈元龙的住所名称）及厢房等附属用房。山门前，沿龙潭边设有高差不同的两条小径，一条沿龙潭边石围栏绕过百尺楼底下，可至湖心亭；另一条靠山边直接进入山门阁内。在中轴线上布置着山门、龙王殿、三官

① 陈元龙：即陈登，东汉时下邳人，字元龙，为人深沉有大略，汉志为广陵太守，以诛吕布功，拜伏波将军。

殿、魁星阁和观音殿。进山门后，分左右上台阶和一段巷道，也可从山墙面开设的门洞进到龙王殿。

龙王殿为单檐硬山屋面，与三官殿和左、右厢房对称布置，共同围成一个天井庭院，庭院中种植桂花树两棵，周边石台上摆放花草盆景。在龙王殿后檐金柱屏壁前，不按常规布置祭祀偶像，而是在明间居中开设一圆形门洞，下设1米高左右的木栅门。一般情况下此门都不开，但视线是通敞的，而祭祀偶像及进出的后门则分别设在左右两次间。后檐廊主要用于联系两边厢房和庭院。此种做法可能是考虑到处在三官殿上，庭院中和左右两厢的景观视觉要求，将以往封闭、围实的后墙敞开，做成后廊式，与两厢廊厦形成协调一致的空间形式，达到室内外空间的自然过渡，互为观赏。

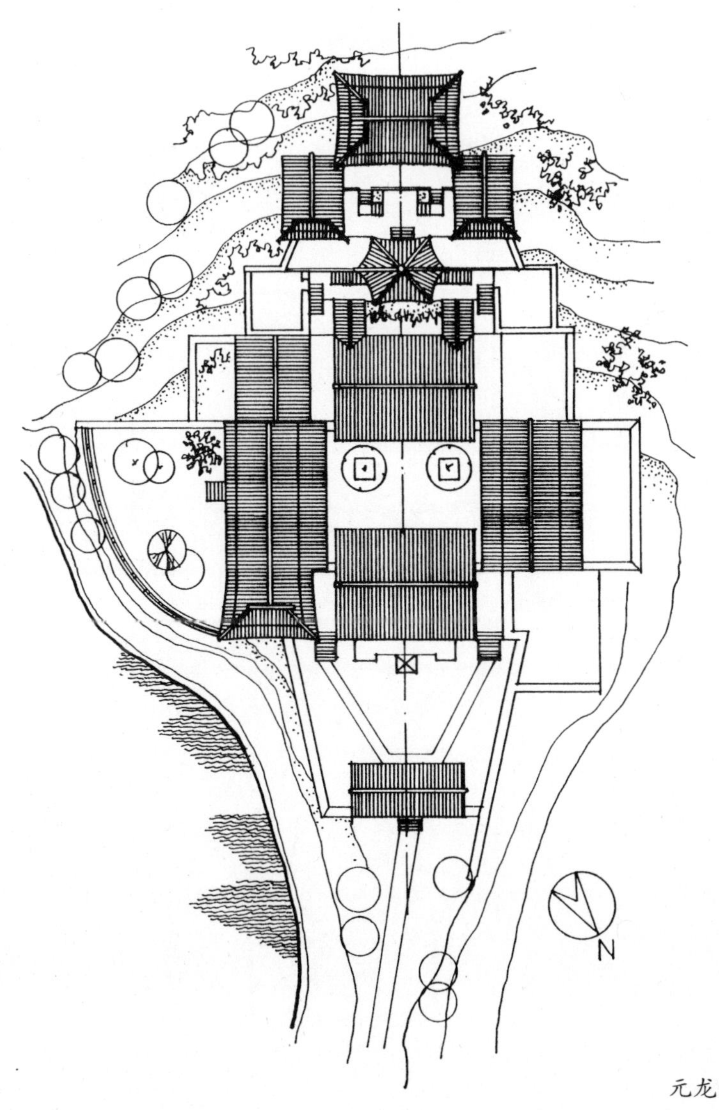

元龙阁总平面图

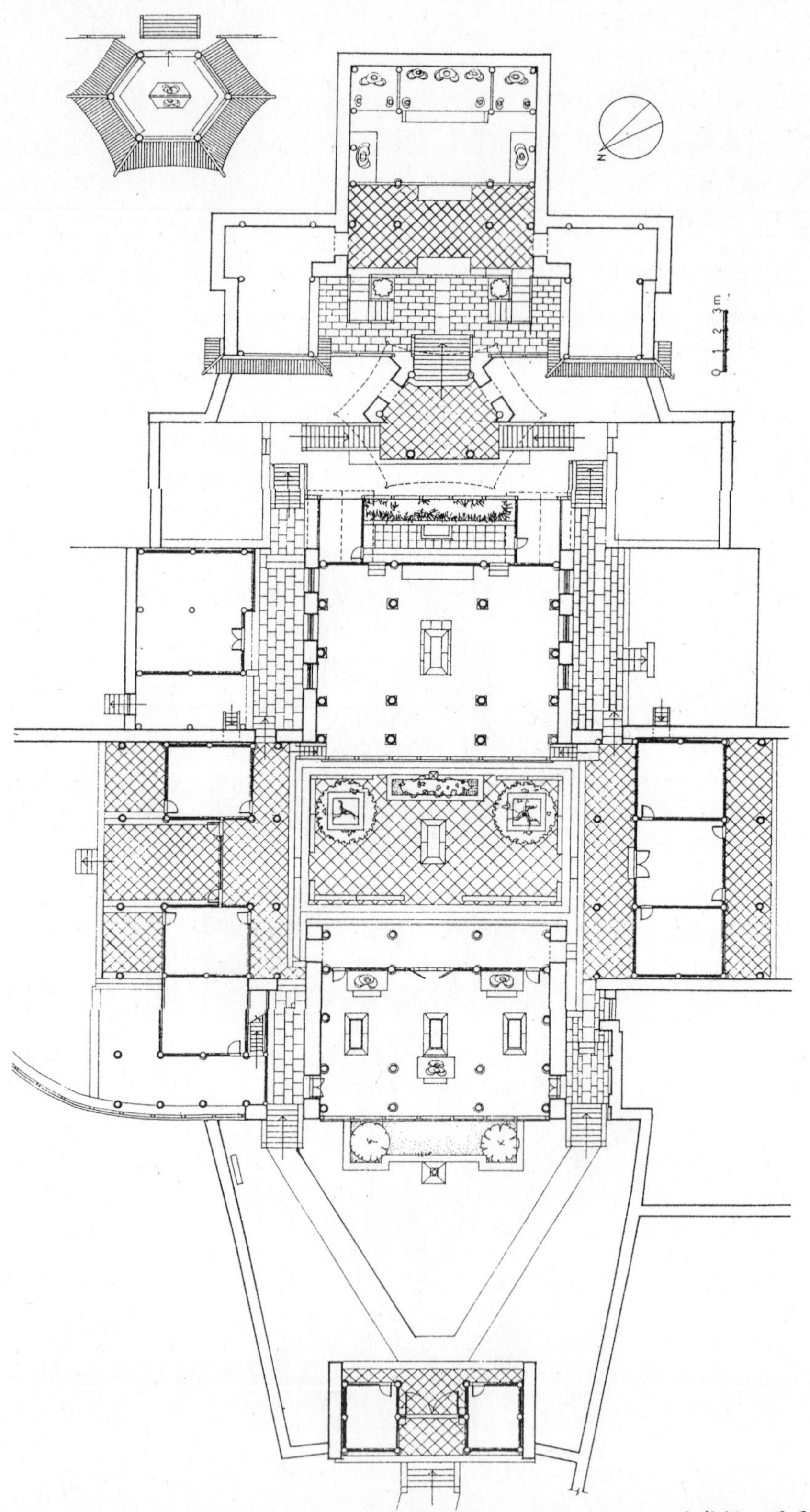

元龙阁一层平面图

交相辉映、错落有致的元龙阁古建筑群

与龙王殿相对的三官殿，分别由两侧厢房拾级而上，前有檐柱外突出不大的石围栏与踏步紧接。后于两次间分别伸出两间耳房，直抵魁星阁前的高台坎，围合成一个很小且分成两台高差的小天井。三官殿为二层硬山屋面，其上层的进出，则是从后面的平台，经过两间耳房二层的走廊完成的，两边相互贯通。

紧接着便是设置于中轴线及两个不同高差平台上的魁星阁。作为元龙阁的主体建筑，魁星阁为六角形重檐攒尖顶的木构阁楼，底层前半部架空立于方形平台上，平台与两边的石踏相连，前面分左右，上下往来的交通于此汇合；后半部居中仍设台阶继续向上前行，左右墙体又各开门洞到两边平台，观看不同景致。人多拥挤时还能起到一定的疏散作用，从空间位置上看，该阁楼起到了联系前后建筑空间的起承转合作用。

魁星阁的二层也是比较紧凑地在通行的台阶上部作一廊檐处理，进到有限的六边形室内空间中可眺望远景。

最高处的观音殿是一组“门阙式”布局的房屋，主殿和两厢均为二层，但地面高差有一层。重檐歇山式屋顶的主殿向后凹进，一则使下层檐柱外的平台部分露在屋椽外，不致感到观音殿与魁星阁之间的空间距离太小而压抑；二则可增加扩展观音殿檐廊外的活动空间平台。因这里是尽端和最高处，游人到此总是会驻足回首观看，品论一番。站在殿前，近可观前面交错的屋宇院落，远可眺望龙潭古树、水亭、“艾思奇故居”和所在

元龙阁最高处的观音殿与魁星阁

元龙阁速写　顾奇伟绘

的水碓村落全景，同时，也不影响到左右两厢的交通联系。两边厢房向前突出与主殿形成三面围合之势，底层封实的山墙和二层观景阁楼形成虚实对比，其舒缓的歇山式屋面与下面的百尺楼协调呼应。另外，观音殿内所塑的送子观音像，也与别处寺庙的不同。她眉清目秀，皓齿朱唇，没有丝毫的佛家威严，到像是一位慈祥的母亲。在观音殿前题挂的一幅对联，比较如实地说明了元龙阁这一组建筑院落“三教合一”的布置特点：“曰儒曰释曰道召回日月三千界，称圣称佛称仙扶树乾坤亿万年。”

出檐深远、平缓舒展的重檐歇山式观景楼，也是元龙阁建筑群的点睛之作。其位置在龙王殿左面，紧靠龙潭边的高台上。观景楼是一栋三面围廊式建筑，内与中心天井庭院联系，外面向龙潭，并在楼前用石栏结合地形围出一个弧线边的小花园，居高临下，是供游人赏景、交谈、休息的好去处。

总体上，这一儒、道、佛三教合一的群体建筑，从前面的牌坊、牌楼式山门入口到最高处的观音殿，几乎在元龙阁内的每一建筑单体都处于不同的坡地标高，而建造者却匠心独具，巧妙地利用平台、踏步的设置，分合转折，将各个单体建筑有机地组合在一起，形成空间变化丰富、造型轮廓错落迭起的整体景观，充分地融汇在这一独特的位置环境中。在竖向高度上，各殿阁楼台随地形、地势逐渐升高，横向水平则以富有韵律节奏的石栏，犹如条条丝带，于不同的高度将各栋建筑、建筑与环境、与龙潭回环萦绕维系在一起，虽经风吹雨打，日见沧桑 ，却依然可见早期建筑匠师高超的建筑技艺和环境艺术鉴赏力。

徜徉在这山明水秀的地方，环顾四周的山光水色，令人心旷神怡，心里不禁想起唐人诗句：“曲径通幽处，禅房花木深，山光悦鸟性，潭影空人心。”

（二）和顺文昌宫

与和顺图书馆毗邻相接的文昌宫，是一组纵深很深、有三进院落沿中轴线对称布置的建筑群。文昌宫的另一面又与土主庙相连（现为和顺乡政府驻地）。

经过入口处的照壁牌坊后，先上一段台阶，左边往上进入图书馆，右边绕过一段围墙至一圆弧形月台，即为文昌宫大门外的停留缓冲空间，门前又有两段台阶过渡。月台前是环村道，环村道下再紧接环村河，刚好为双虹桥两道石拱桥之间的一段河道。堤岸上杨柳依依，隔堤岸有荷池一塘，池中建有纪念乡人寸树声（字雨洲）先生的“雨洲亭”。盛夏之时，

文昌宫入口，前面紧接环村路与环乡河

荷香四散。此处的月台、环村道、环村河三者彼此相接，联系最为紧密且层次分明。桥边、道边、台边皆石栏围护，谐调统一，韵律感极强。桥上、道上人来人往，桥下流水潺潺，河中鹅鸭戏水，意趣盎然，两岸树影婆娑。自然的地形连同人为创造的拱桥、拱门牌坊及台上卧檐飞角的大殿门宇，直至向后、向两边延伸的重重宅院，共同把和顺乡聚落入口处装扮得如此丰富美丽、激动人心。文昌宫门口两侧的围墙成八字展开。经过牌楼式大门（为新近重建）进到第一院，左右为二层厢房，中为开敞的过厅。过厅两山面不砌筑土墙，而采用“同柱过梁”的构架方式直接于两山外再各建一开间耳房。耳房与过厅的进深相同，面宽外檐与前面厢房后墙齐平，并于过厅前檐廊两端凹进一块，作为进入其内和厢房二层的入口。

由过厅进入第二院，左右分列两栋带浅廊道的精巧阁楼，左为朱衣阁，右为魁星阁。造型相同的两栋楼阁底层为三开间长方形平面，两次间较窄小，约为明间的1/3宽，其中一端与后墙还有一段距离。两阁底层次间还各嵌有碑石三块，为清道光二十九年（1849年）禀生尹祖澜撰、合乡绅士同泐的《和顺乡两朝科甲题名录》，由此推断，和顺文昌宫可能始建于道光二十九年以前。

二层则在底层明间的基础上内收成六边形平面，一层屋顶做成歇山式，二层结合平面形式做成六角攒尖顶，上下层联系的楼梯，则灵活地利用一层屋顶坡面所形成的空间来设置。

由两栋玲珑小巧的阁楼烘托出尺度高大的文昌宫大殿，加上地形高差，形成层次鲜明的强烈对比。大殿为三开间重檐歇山屋顶，面宽约12米，平面柱网格局近似正方形。大殿内塑奉的文昌帝君及侍童像早已被

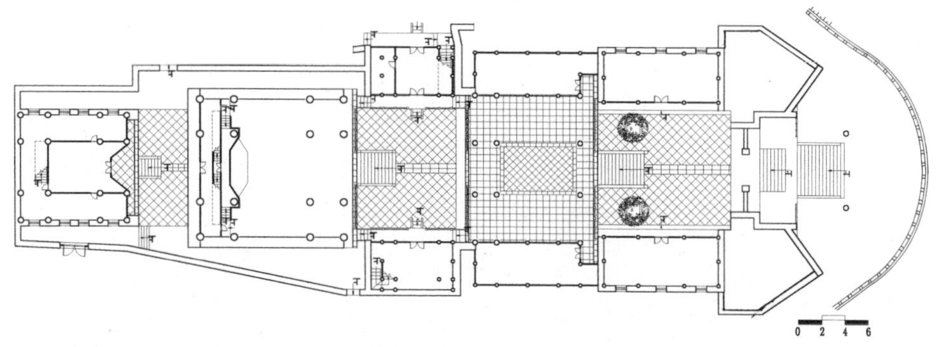

和顺乡文昌宫一层平面图

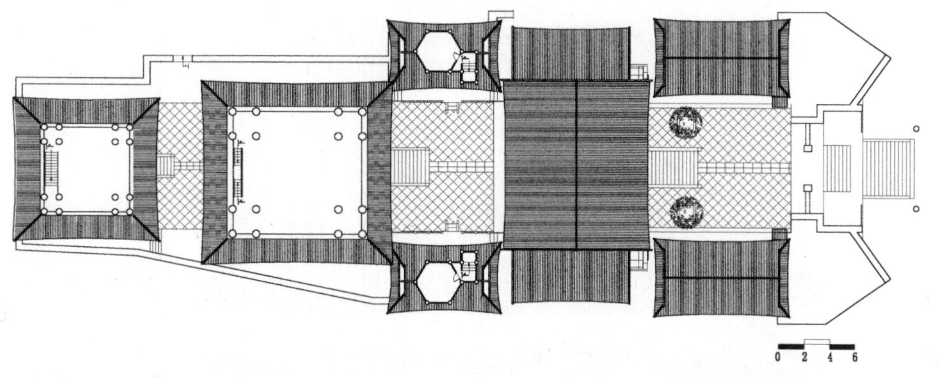

和顺乡文昌宫二层平面图

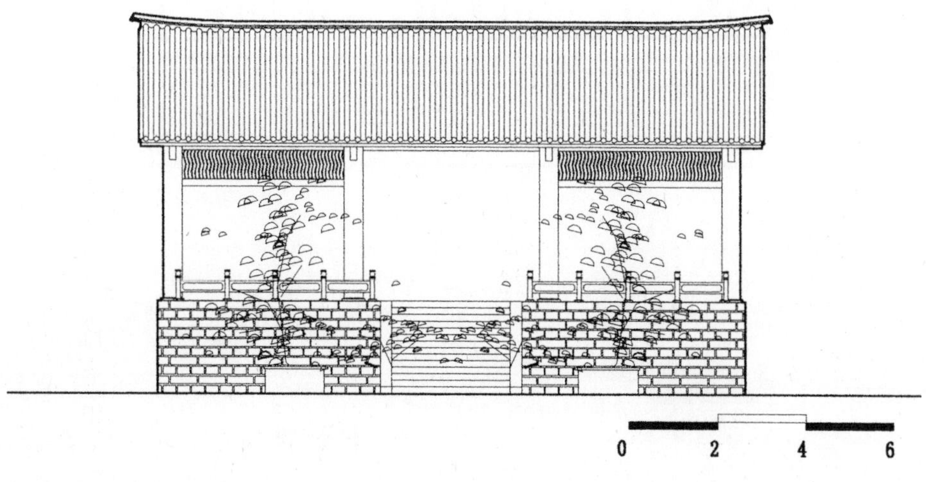

和顺乡文昌宫入口立面图

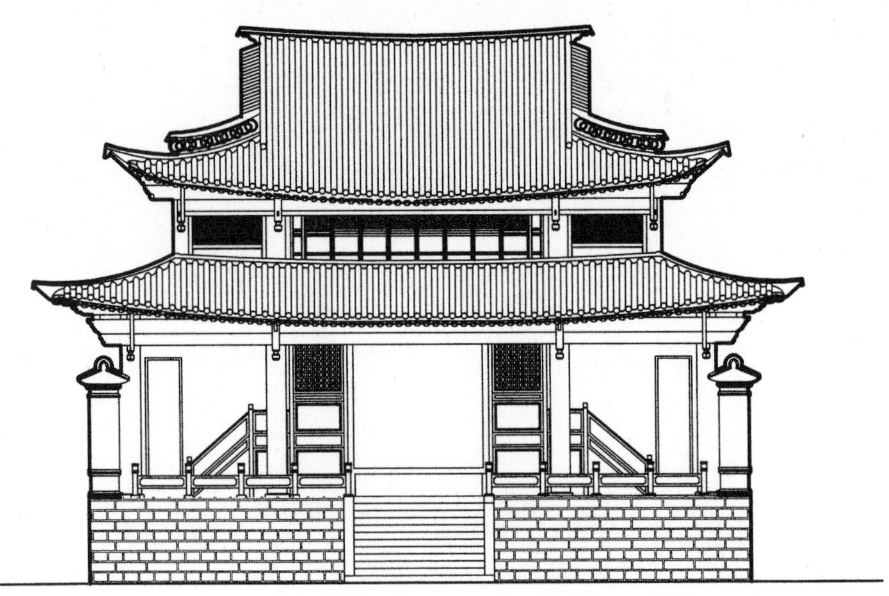

和顺乡文昌宫主殿立面图

和顺乡文昌宫后殿立面图

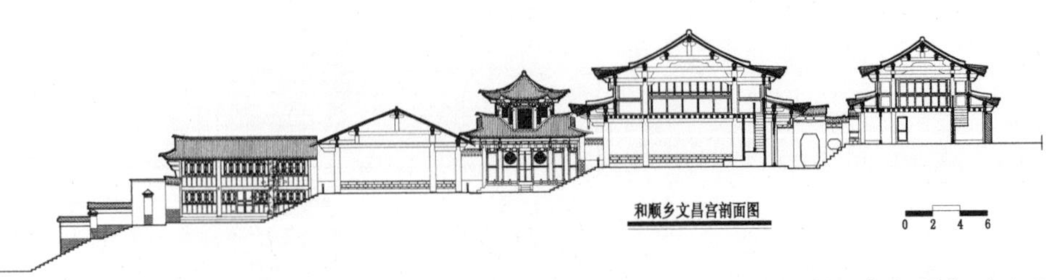

和顺乡文昌宫剖面图

毁。在文昌宫设立为益群中学时，将文昌殿改装成二层楼。

从大殿后檐廊或两山墙外的过道可进入第三院。第三院空间进深相对较窄。建立在高台上的后宫，形式格局与大殿相同，仅是将开间和进深尺度缩小。另外，明间向内退出八字形入口，使上到台阶后不致感到空间局促。这种处理可能是借鉴当地民居正房中明间内收的做法，使进入室内之前有个缓冲过渡，中门做成八字形或许与大门入口处围墙形式前后产生呼应。

大殿与后宫的木构梁架结构清晰，用料规整，虽为清代所建，但屋面举势（架）不高，屋檐呈柔和曲线，四角飞檐平缓，出檐深远，外观造型上仍有唐宋建筑舒展之风韵。大殿及其左右两阁楼虽无古建筑常用的斗拱构件，却采用小吊柱与檐枋一起，作为屋檐与屋身的过渡构件，同样使建筑立面形式和檐口部分层次丰富，也是装修彩绘的重点部位。

文昌宫作为一个倡文传教、儒道合一的场所，曾先后被用于清代义学、清末两等小学堂和民国益群中学的校址，一方面紧邻图书馆看书学习方便，另一方面，其所处村落中心的位置与和顺乡人历来重视教育、突出教育的追求有关。

（三）和顺土主庙

土主庙位于和顺乡主村落入口附近，其右为文昌宫，左为三元宫，现仅遗存有两殿（均为三开间单檐硬山顶）、一院及山门前的一字形照壁。山门和附属建筑均已无存，且门前入口更改较大，已难见往日之形貌。土主庙是和顺最早的宗教场所，庙内曾供奉着“摩柯迦罗大黑天神”，大黑天神为佛教密宗护法神氏。土主庙供奉摩柯迦罗大黑天神始于南诏，元末渐盛。

（四）和顺三元宫

位于和顺乡主村落入口附近，在土主庙左侧，现为乡政府驻地。三元宫现存三进院落，沿中轴线顺地形逐渐升高而建。

第一殿为三元宫，建在一高台基之上，檐廊前有石栏围护，与殿前的左右两层厢楼高差有一层，通过檐廊可至厢楼二层各房间。第二殿为观音殿，观音殿脊梁上题记：“…九年甲子季冬月。”应为清嘉庆九年（1804年）。第三殿为三皇殿，三皇殿后设有小的倒座花园。三殿建筑均为单檐硬山顶穿斗式。有乡人寸品昇撰写的《三皇殿序文》，描述了三皇殿的建造时间及对三皇的定论。

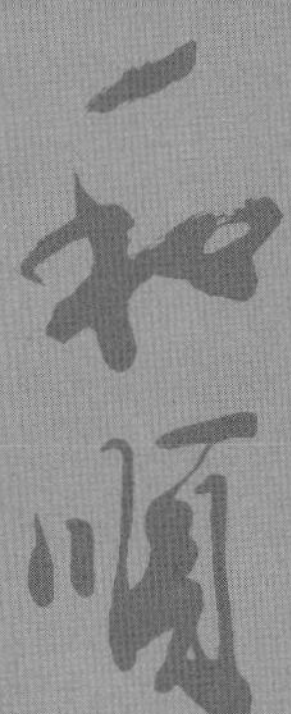

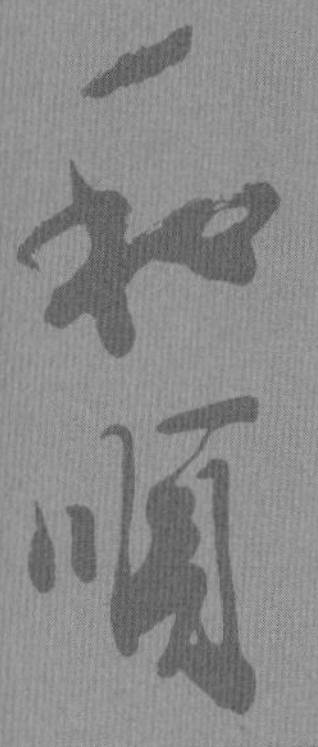

《三皇殿序文》如下：

三皇殿者，自三元宫进观音殿，穿门而入，乡人士概然募化之所修也。经始于光绪庚子（光绪二十六年，公元1900年），落成于辛丑（光绪二十七年，公元1901年）。既毕役，嘱余为序，镌诸石以垂不朽，窃惟三皇之说，纷纷无定论。孔安国曰：'古者伏羲之王天下也，作书契，以代结绳之政，由是文籍生焉。为伏羲、神农、黄帝之书，谓之三墳。言大道也，故谓之三皇。少昊、颛顼、高辛、唐、虞之书，谓之五典，言常道也，故谓之五帝。"或有问于朱子曰："三皇之说甚多，当以何为者是。'朱子曰：'无处理会，当且依孔安国之说。'董氏鼎曰：'伏羲前未有字，安得有书？如此则安国之说近是。'余按朱子及董氏之言，则三皇为伏羲、神农、黄帝断乎无疑矣。况其所以制作者，如日月之经天，得之可以行万里，陟八荒，不得则跬步不能移，而愦愦无所主，虽后之人，不无变更，而要之，终不能越其范围，千百世之下，莫不沐其化，蒙其庥，固宜祀事孔明，馨香俎豆于无替也。乃时至今日，忘大本而崇尚虚无，事佛吝道者，相望一时，兰宫梵宇，竭民之脂膏，创建无虚日，而视开物成务之君，必明正直之神，反以为可有可无，漠然无可动于其心，遂至黄冠羽流之辈遍天下，妖言惑众，左道欺人，世风之所以日下，而人之所以不古也。故安得周世之毁铜佛像，狄梁公之奏毁淫祠，去其所不当祀而祀，其当祀者一反正之哉。兹何幸吾乡独有见于此，祀其所祀，隐然若具反正之意于其间，仰而思之，俯而瞻之，知所奉者在此而不在彼，潜移默化，一转念间耳！岂非古神道设教之一助耶？其有观感兴起者乎？跂余望之。里人寸品昇顿首拜撰，光绪乙巳年孟秋之月。

现整个三元宫建筑格局保存尚好，只其各坊房屋均改作办公、住宿之用，并与土主庙、文昌宫、和顺图书馆串联在一起，内部彼此联通，成为聚落入口处十分醒目的一组建筑。

（五）和顺三官殿

三官殿位于和顺乡聚落西面的石头山大盈江畔，寺院由大门、正殿、两厢和后殿组成，坐西向东。寺院于"文革"中被拆毁大半，现仅存正殿，两厢、后殿（观音殿）为1995年新建。

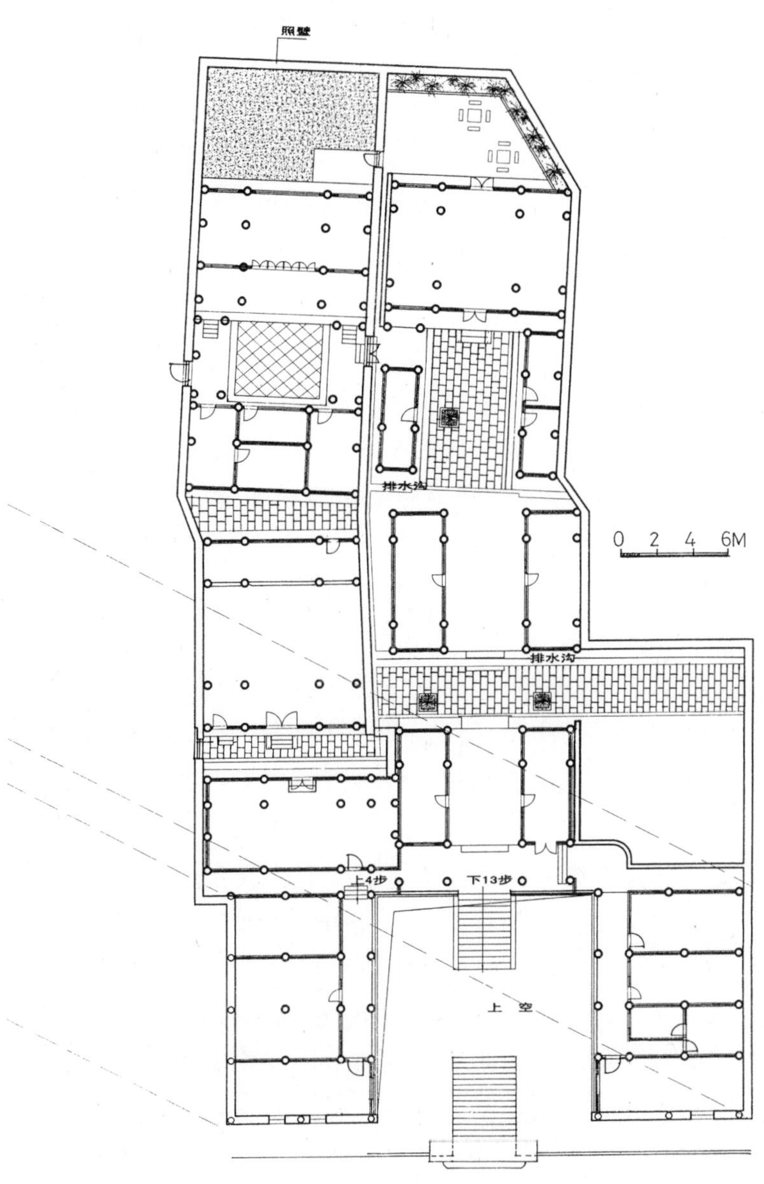

和顺乡土地庙（左）与三元宫（右）（现乡公所）

正殿为五架单檐硬山顶、三开间，抬梁穿斗式木构建筑，梁上题记："大清同治拾叁年……和顺练士庶同建。"

正殿内供奉有泥塑的天官、地官、水官塑像（均为现代重塑），后殿供奉汉白玉雕观音像。

（六）和顺中天寺

中天寺位于和顺坝子西南的帅头坡半山中，为和顺境内规模最为宏大

的建筑群落，是当地居民日常游玩、祭祀和节日庆典的活动场所。中天寺原系佛教寺院，创建于明崇祯八年（1635年），最先只有两殿，至清代不断增建，并扩展为后来佛、道合一的寺院。

由于地处坡度较陡的半山坡地，故整个寺院充分结合地势，分台而建。各殿依次升高，层层递进，并沿南北中轴线顺序排列有门前月台、山门、弥勒殿、观音殿、大雄宝殿、天门、玉皇阁等主要建筑，其余配殿及各附属用房则以院落为中心对称布置于主殿两侧。

从村中经过相当一段弯曲、自然的山路后，就到达了寺门前。为保持寺院整体坐南向北、靠山面坝的方位要求，同时也使人们在爬走山坡、气喘觉累时能歇息缓和一下，在寺门前筑起的大月台，形成了必不可少的空间场所，并由月台侧边置20余级踏步与道路自然交接。当游人站停于月台上环视前方，鳞次栉比镶嵌在群山怀抱之间的民居院落和优美的田园风光，顿收眼底，伴随着阵阵袭来的清凉山风，不觉心旷神怡。回头看是三道钉有排列整齐金色门钉的朱红大门，门头中间题挂赵朴初先生题书的“中天寺”三字大匾，书法精美。门头上屋檐飞挑，大门两侧各设一照壁与围墙相连，使寺门显得十分突出、壮观。

共有三进院落的中天寺，前面两进院落按佛教寺院规制，设山门、弥勒殿、观音殿和大雄宝殿及两侧厢房组成，只不过山门采用嵌贴式处理，与弥勒殿合而为一，且弥勒殿两次间也不设应有的四大天王，同时把观音殿布置在大雄宝殿之前。这些做法都是对传统佛教寺庙固有模式的一些变格处理，或更体现本乡本土自定的世俗做法。

合而为一的大门、弥勒殿，门前设10余级扇形踏步与月台相连。隔院与建于高台上的观音殿相望，两边的厢楼左为“尊客堂”，右为“五观堂”，各自均带有后花园。其中“五观堂”后花园内有古梅两株，根系盘错，生机盎然。

建于高台上的观音殿，为三开间单檐歇山顶抬梁式木构建筑。台前有石栏板围护，大殿两山外侧各设13级台阶和通道联系前后，通道外再各建厢房。大殿明间塑有观音、文殊、普贤三座菩萨像，左次间塑文昌帝君像，右次间塑披发祖师像，成为佛道合一共处的殿堂。

观音殿后的大雄宝殿，也是三开间单檐歇山顶抬梁式建筑。明间佛台上供佛教“横三世”佛，即东方净琉璃世界药师佛、娑婆世界释迦佛、西方极乐世界阿弥陀佛，均为汉白玉雕像。与大雄宝殿相平行，又分别在左边建关圣殿，右边建三皇殿。

紧接着大雄宝殿后面的，是与最后一殿玉皇阁共同组成一个院落的天门。天门为一栋二层歇山顶亭阁式建筑，阁两山筑墙，北面敞开，上悬“天门”二字匾额，布置于轴线正中踏步上下变化处。南面设一圆洞门，居中设置的10余级台阶由阁楼底层穿过，以寓天梯，直通天界。且阁中左右两侧各置神台，泥塑道教护法天神马、赵、温、康四大元帅，面容威猛。

过了天门，又是一开敞的院落，正面为三开间重檐歇山顶的玉皇阁，殿内明间筑一高台，台上供有玉皇大帝铜像，庄严肃穆。阁前两侧又各建单层配殿，左为太阳殿，供奉太阳神；右为太阴殿，供奉月神。

中天寺不仅规模宏大，而且依山就势，善于利用台地连接前后院落空间，殿阁高下参差变化，统一协调，主次分明。周围林木疏翠，环境宽敞而清幽，四时香火、游人不断。中天寺原名叫冲天寺，据说名称有些犯忌，有冲撞上天之嫌，曾遭火灾，后改为现名。“文化大革命”中，该寺几乎被拆毁殆尽，仅存观音殿下右侧小花园，房屋虽毁，但原址格局当存，目前各殿及附属用房，为乡人、华侨集资捐款在原址上陆续重建而成。

另，大雄宝殿一侧，有清康熙三十二年（1693年）立的《鼎建中天寺常住碑》一块，保存完好，当为研究该寺的历史实物依据。

（七）和顺财神殿

财神殿位于和顺乡村落西南的帅头坡山麓，紧靠贾家坝村寨边，距位于其上的中天寺约100多米，其始建年代不祥，现存建筑为清光绪四年（1878年）重建。

财神殿是一组规模、尺度较小的不规则合院建筑，主体建筑由戏台和财神殿组成。尽管院子不大，但处于坡地上的院落还是被分成了三台。二层的戏台建在最低处，平面呈“凸”字形布局，凸出的部分三面敞开，是主要表演的舞台，舞台两侧设美人靠，为文、武场伴奏的座位。后半部分与戏台两翼阁楼联为一体，常用于放置道具，演员候场之所。

凸出部分采用歇山式屋面，与后面的两坡面组合成一体。分成两台的院子，台边有石栏围护，倒也符合看戏演出的视线要求，互不遮挡。

而建于高处的财神殿，系三开间单檐硬山顶穿斗式建筑，尺度不大，犹如一般民家宅院正房。殿前设有敞廊，廊两侧也设有美人靠。殿内明间神台上塑奉文、武二位财神。

财神殿大门布置在戏台与厢房交角处，门前靠路边设一平台作缓冲集散场地，大门两侧围墙八字闪开，呈迎合之势，粉墙上分别彩绘有龙、虎

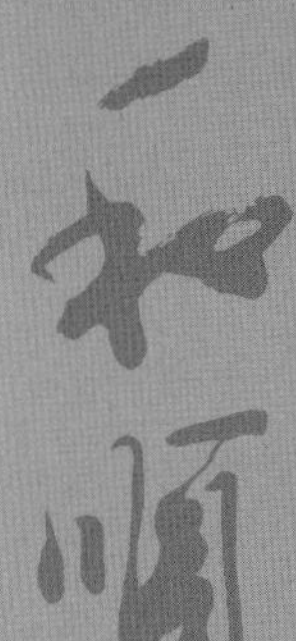

图案。中置踏步7级，一对石狮雄踞踏步两侧。

财神殿，顾名思义，主要是祭拜财神爷，祈求财源广进的地方。这个不起眼的小殿，虽不及文昌宫、中天寺的宏伟壮观，也没有元龙阁的优美环境，但这一专职祈财降福的小殿，却是乡中人每每必到的地方。外出经商时，祭拜财神，寄托日后财源滚滚、一本万利、事业兴旺发达；赚钱回家时，还愿感谢财神的庇佑之恩，除烧纸敬香、燃放鞭炮外，还要请戏班来给财神爷唱一台大戏，既表谢意，也为宣传。即使在家者，不论男女老幼，也时常进去烧香叩头，相邀到此聚餐娱乐。年节时日，或文、武财神诞日，更是热闹异常，人们在求神降财的同时，也在愉悦自己。

（八）和顺魁星阁

和顺魁星阁，位于和顺坝子西南石头山的毓秀峰顶，从和顺主村落经过张家坡沿河西行，跨过架于大盈江上的捷报桥，即步入登往魁星阁的田间小道。

小道前段设两道门坊，作为前导标志。第一道门坊就设在“捷报桥”西端河边，为八面风折线形五段式组合的石构圆拱门，门额上嵌有“洞协天真”四字石刻。距此门坊数十米远处，又有一道较为纤秀的一字形石构方门，门额上也嵌有“青锁”二字石刻，之后便由田间转入曲折幽深的山石小道。道旁绿荫掩蔽，芳草萋萋，颇具“蝉噪林愈静，鸟鸣山更幽”之佳趣。至峰顶则怪石嶙峋，林木蓊郁，双杉高耸，魁星阁道观就镶嵌其间。

魁星阁由数栋建筑灵活组成自由分散的群体布局，在轴线上依次布置了门前平台、山门、过厅、魁星阁楼。由山门而进，是一狭小的院落，右为自然形成的摩崖，上镌有多处石刻，摩崖上长树一棵，造型颇佳。崖旁有窄小踏步十余级直通聚宿轩，再转至纯阳楼。左边穿廊进入一稍觉宽敞的四合院，即后期增建的观音殿。进入过厅，又见一小合院，轴线正面高台上建有一座体形端庄、飞檐翘角的六角形重檐攒尖顶阁楼。阁楼体量虽然不大，但因形借势，大有直通天际之感。阁楼正面二层檐下悬“魁星阁”匾额，一层檐下悬“笔参造化”匾额。登楼远眺，层峦叠障，美不胜收，仿佛置身于“绿色海洋”。

魁星阁造型灵秀，端庄朴实，雕刻细腻，彩绘精美。现存建筑为清光绪十九年（1893年）重建。有诗赞曰：

江上青山一阁横，寻幽好向小桥行。

石间花映藤箩满，栏外风清水月平。
静坐推窗云欲入，兴头得句酒频倾。
暮归不待渔家火，射斗文光到处明。

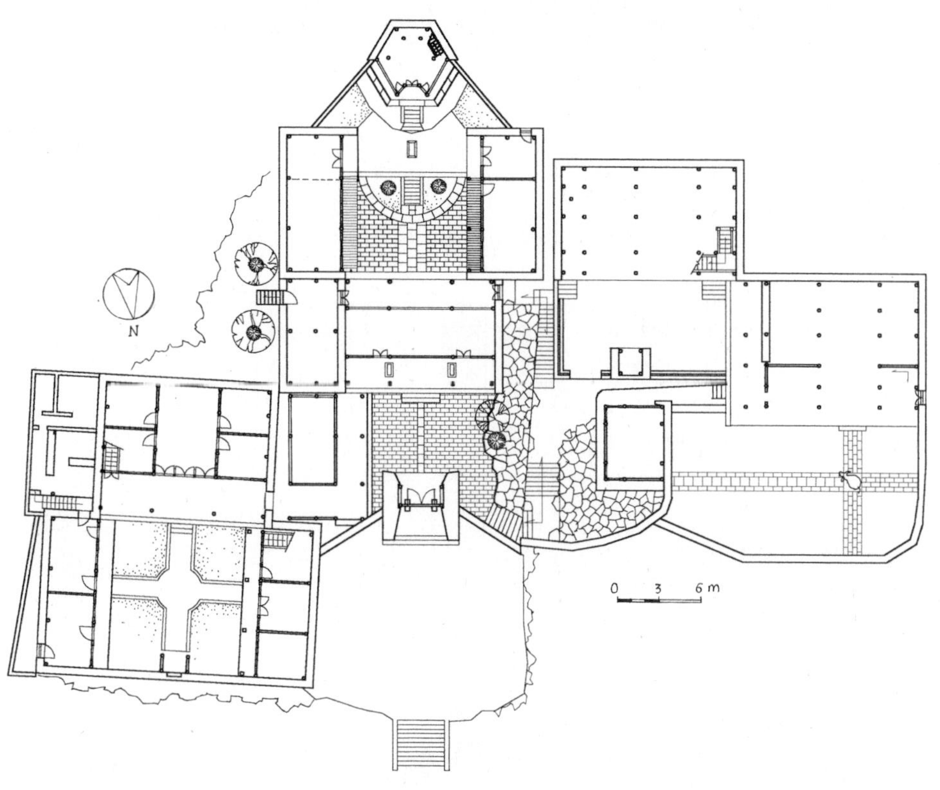

和顺乡魁星阁总平面图

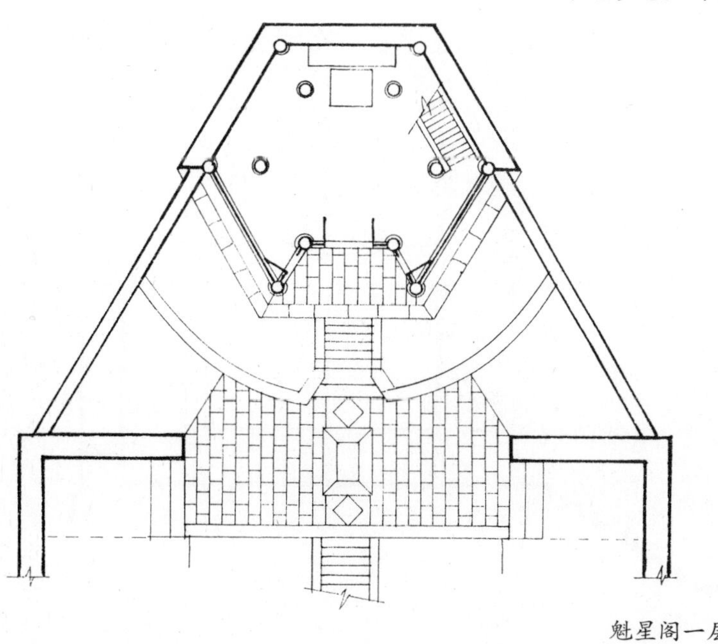

魁星阁一层平面图

魁星阁立面图

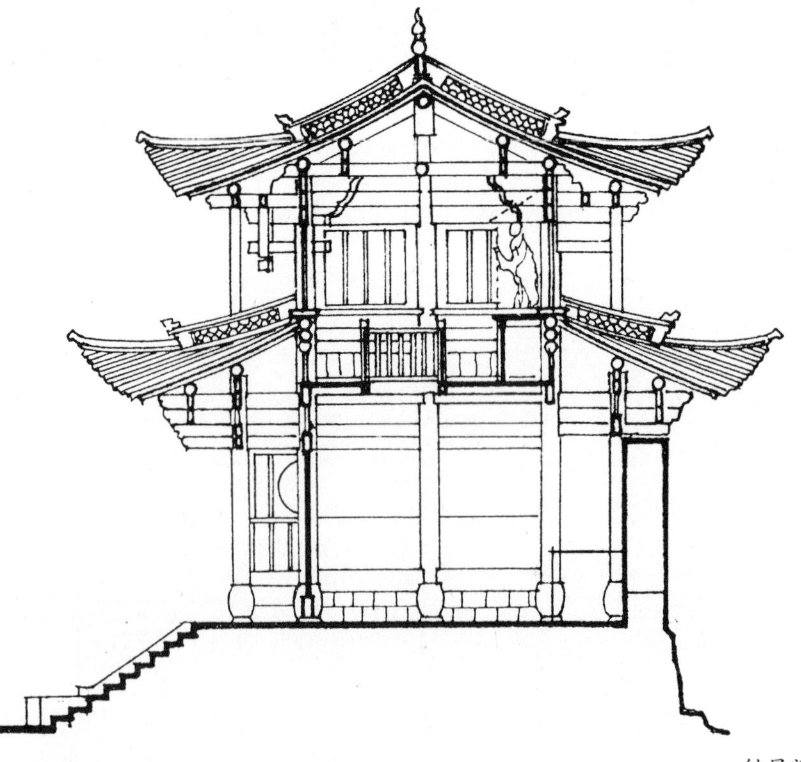

魁星阁剖面图

建于摩崖上的聚宿轩为歇山顶阁楼建筑，为文人雅士聚集之所。由聚宿轩西行十余步，即至纯阳楼。纯阳楼也称为吕祖殿，建于民国六年（1917年），为三开间重檐硬山顶穿斗式建筑，二楼明间塑有被全真道奉为北五祖之一的吕洞宾像。楼前院心内卧一石牛，称“青牛”，是利用院子内的原生岩石雕凿而成的，形象生动逼真，取材于老子乘青牛过函谷关，关令尹喜被点化而成道的故事。

魁星阁摩崖石刻

纯阳楼前的石雕青牛

魁星阁及双杉

纯阳楼位于毓秀峰的最高点，比魁星阁还要高，视野极好，为观景的理想之地。登楼眺望，远可观宛如巨龙的高黎贡山，近可看四座火山环列的和顺坝区之秀丽景色。

魁星阁阁楼右下侧有两株屹立参天的古杉，尤为引人注目。一株高21米，胸径约1.3米；一株高19米，胸径约1米，树龄均已有500多年，虽屡遭雷击，但仍生机盎然，蔚为壮观。1996年，被云南省政府公布为古树名木加以保护。在半个世纪前，曾发生过当地少数乡绅欲将这两株古杉砍伐变卖的企图，受到乡人的强烈反对。时任云南第一殖边督办的和顺乡人李曰垓，为保护古杉免遭厄运，与乡人约法三章，并题书《双杉行》诗一首，诗曰：

石头山中石磊硌，绿荫稠处翳魁阁。
双杉亭岧摩穹苍，下视万木尽丛薄。
根柢曾不阶尺土，荦埆罅隙自盘错。
大身欲蔽栎社中，高柯早谢榆枋鷽。
未碍中空历劫火，宁复外荡害衡杓。
黄耇已不知其年，但云此树今如昨。
儿时已见出林表，老来更觉气磅礴。
吾乡旧是阳温登，六百年来混沌凿。

人民非致冢累累，几曾华表见归鹤。
双杉独尽其天年，饱经沧桑迄自若。
地望遥瞻如楬橥，堪舆盛传是锁钥。
杉其神乎庇吾乡，何居斧斤欲纵虐。
自今愿与父老约，维护当援人命律。
有敢伐者头可斫。

1949年，闲居乡中的国民党元老、郡人李根源先生小住魁星阁，集乡中文人墨迹制作摩崖及碑刻，除在过厅右旁岩石上制作摩崖石刻十余幅外，于过厅前还立碑刻两块。一碑镌刻李根源先生住魁星阁期间的怀旧之作《和顺乡居吟》，一碑镌刻李曰垓先生的诗《双杉行》，为魁星阁这一名胜注入了新的文化内涵。且先辈呼吁保护古树的有名诗篇《双杉行》与双杉并存，可谓珠联璧合。

二、人神共居的宗族祠堂

祠堂，又称祠庙、祠室，也有称作家庙、宗祠的，是旧时祭祀祖宗之所在。它广泛分布于全国各地，可称为血脉崇拜的圣殿。

旧时的汉族居住区，总修建有祠堂，凡宗族迁居某地居住数年后，或人口兴旺发达，则可以从原迁出地的祠堂中分出一支谱牒，另立宗谱，另建一祠堂。

作为各类祭祖仪式展开的祭祀场所，祠堂一般建于宗族聚居地的附近，岁时由族中人共同致祭。一因为祭祀祖先；二在于着重春祭。于是，祠堂被视为高于一切，关乎家族命运之所系，具有神圣不可侵犯的地位。因此，名宦巨贾、同姓望族均建祠堂，以显其本，以祭其祖，由此强化其血缘观念。这种祠堂联系家族的作用，受到人们的高度重视，祠堂便成了家族具有凝聚力的象征。

祠堂是血脉的圣殿，祖先的象征，祭祖则是全族的大事。同时，祠堂又是正俗教化、族人会聚的场所。明朝中叶以后，随着家门的繁衍，祠堂的规模不断扩大，并与住宅相脱离，形成了独立于居家之外的大型祠堂——家庙。

从理论上讲，这类独立于居室之外的祠堂建筑是有具体要求的，即“凡造祠宇为之家庙，前三门（应为“山门”——引者注），次东西走马廊，又次之大所，此之后明楼、茶亭，亭之后即寝堂。若汝修自三（山）

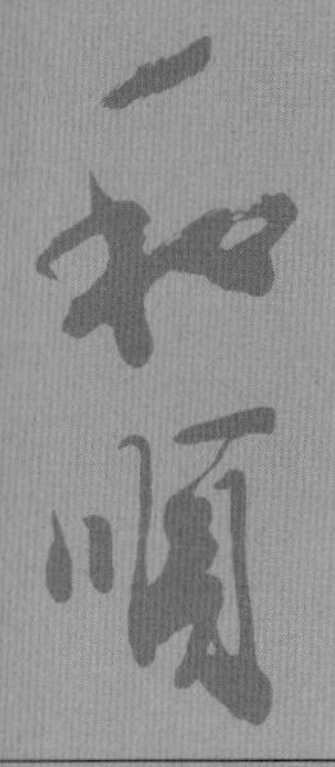

门做起至内堂止，中门开四尺六寸二分，阔一丈三尺三分……两边耳门三尺六寸四分，阔九尺七寸……中门两边俱后格式。家庙不比寻常，人家子弟贤否都在此处钟秀，又且寝堂听雨廊至三(山)门只可步步高，儿孙方有尊卑”[①]。

可以看出，该类祠堂中轴线上的一般布局为：大门——享堂——寝室。享堂应称祭堂，是拜祭祖先神主、举行祭祀仪式及族众团聚之所；寝堂为安放祖先神主之所。一些名宦世家，在祠堂前还建有照壁或牌楼，画栋飞甍，甚为壮观。

（一）祠堂祭祖

祠堂本是一组建筑，是宗族同人祭祀祖先的地方，但在明清时期，它却成为宗族的代称，是族人集体活动、族长施政的地方，不同于先前的祠堂。

以建祠堂为标志的宗族，规模大小不一，有许多是相当庞大的，拥有成千人丁。

人类社会初期，人们就产生自然崇拜、人造物崇拜、祖先崇拜等，特别是对祖先崇拜最虔诚、最经久，并同后来的英雄崇拜结合在一起。原因很简单，因为它同人类生存及自身再生产联系在一起。古人认为死人灵魂不灭，可以保护子孙，令子孙得福，繁衍昌盛；又因为祖先在世时开辟的基业，使子孙安享福利，因而被子孙当作英雄敬仰；古人还认为死人成鬼，不过祖先灵魂是善鬼；若对祖先崇拜不诚则祖先不给保佑，子孙就可能遭殃。于是由祖先崇拜产生出“孝”的观念及其表现形式之一的祭祀。

“孝，礼之始也。”[②]“忠”、“孝”是人生的大节，而“孝”又是“忠”得以实现的前提。所谓孝，即是儿子对父母生时的敬养（包括生活上的赡养、态度上的尊敬，为父母考虑比父母想到的还早、还多），死时的安葬以及葬后庄重的祭祀。在祭祀时，要通过文字或语言，表示心愿，或歌颂祖先功德，或报告事项，或表达某种意愿，请求祖宗指示。元人苏伯衡曾说：“礼莫大于祭。”若不祭祖，忽视对祖宗、天神的祭祀，会招致灾难降临，也就是祖先不保佑的后果。正如《汉书·五行志》记载的那样：“简宗庙，不祷祠，废祭祀，逆天时，则水不润下。”由此可见祖先崇拜和祭祖在社会生活中的重要价值。

---

②《鲁班经》卷一。
③《春秋左传·文公二年》

祠堂的产生与流行，几经兴衰。建设祠堂，作为祭祀祖先的场所，目的是实现孝思。

祠堂，由于是祭祖的神圣处所，就必然会有相应的规范和要求。一般而言，宗族要尽自身的财力，用上好的木料、石料，建盖高大雄伟、宽阔的建筑群。从族谱所描绘的祠宇图和田野实际调查、测绘所见到的旧时祠堂，获知多数祠堂呈四合院形式，内有大堂、两厢房舍，前有山门，围护院墙，只不过其建筑规模大小依宗族强弱、经济财力投入多寡和建盖时与实际地形结合的情况而定。有的华丽庞大，也有的比较简陋。

祠堂祭祀的对象，系由小宗法的祭祖观念所决定。一般而言，全宗族的祠堂，祭祀始祖以下的祖先。这是元朝以来宗族强调崇“一本”[①]思想的体现。起到增强宗族凝聚力的作用，使宗族规模不断扩大。

祠堂为什么如此重视实践祭祖仪礼？清初经学家万斯大在《学礼置疑·宗法》中说：“统族人以奉祀也，祭已德之祖，而收见在之族。”[②]认为宗族通过祭祀祖先，团结了现在的族人，用当时的语言表达是起到了“收族”的作用，诚然，祭祀的意义也即在此。另外，还有一些宗祠祭祖的倡导者与实行者也认为：“国有宗庙，家有宗祠，所以崇报享，而齐众志也。”“宗祠之建，上以报本始，下以恰子孙，尊尊亲亲，莫急于此。”“夫宗祠所以报本追源也……本之为言根也，欲事其支者必沃其根。”[③]等等，这些言词，皆为活人的团结、发达而祭祀过去的先人，讲尊祖是为收族，可见祠堂祭祖的意义和作用。

西方学者认为：“祖先崇拜通常在培养家系观念中起决定性作用。”“通过祖先崇拜，家系将活着的人和死去的人联系在一个共同体中。”[④]的确，祠堂祭祖将死人、活人联系在一起，使死者后裔——活着的人们组成宗族群体，和睦相处。

宗族建立祠堂首先是为了敬祖，而其他活动皆由此派生。“村落家构祠宇，岁时俎豆其间，小民亦安土怀生。”[⑤]由此可见，作为血脉的圣殿，祠堂的主要功能是祭祀祖先，而祭祖的思想来源又在于祖先崇拜。

一方面，先民们坚信祖先是有灵魂的，祖先的灵魂游离于生命肉体之外，是永恒不灭的，并且能够干预人事，给生人带来吉凶祸福；另一方面，在农业文明的形态下，经验的积累具有重要的意义，而在子孙们的心

① 一本：即把宗族比成树，祖宗是根，宗族叔伯兄弟是枝叶，裔孙都是同一宗族的后人。
②《皇清经解》卷四九。
③ 冯尔康：《中国古代的宗族与祠堂》，第74页，商务印书馆。1996年版。
④ 迈克尔·米特罗尔，雷音哈德尔：《欧洲家族史》，第11页，华夏出版社，1987年版。
⑤ 康熙《徽州府志·风俗》引《嘉靖志》，俎、豆即祭祀礼器。

目中，祖先经验丰富，考虑事情周全，行为老练，自然值得后辈着力仿效。这种向祖宗认同的思想，既强化了祖先崇拜的意识，也巩固了慎终追远的文化传统。

在中国传统的封建社会中，自给自足的自然经济及僵化不变的居住环境、机械古板的谋生手段、枯燥乏味的生活方式，致使平民百姓缺乏必要的精神生活。而尊祖敬宗的祭祀活动却为同姓子孙提供了适宜的精神寄托，祭祖在生动地反映人们对血脉重视的同时，还可以借此宣泄他们的群体意识，在雍雍睦睦的祭祀活动中弥补社会交往的不足。封建社会不可避免的社会动荡，不仅加深了人们对家族群体的物质依附，也使人们追求精神安顿的愿望更为迫切，他们以祠堂为精神上的归宿，通过对祖宗之灵的顶礼膜拜来沟通同宗族成员之间的精神联系与情感交流。于是，祠堂祭祖，这一血脉崇拜仪式，自然显示出其特殊深长的意味。

（二）祠堂设立

“凡立宫室，宗庙为先。”传统聚落精神空间的形成是以礼制为基础的。礼制又以秩序化的集体为本，要求社区集体中的每一个人，都要严格地遵守封建等级的社会规范和道德约束。礼制空间表现的是一种精神，一种对家庭和祖先至高无上的崇拜和绝对服从，历代王朝都大力提倡敬祖和孝道，这也是维持社会稳定的政治需要。历史上特别自宋代起，文人地位提高，崇尚礼教之风更浓，聚族而居盛行，至明清不减，此后形成了中国传统社会宗族文化的重要载体，追求“睦族惇宗”。因此，作为宗族社会象征的宗祠，成为聚落构成的核心，一切其他建筑都以此为中心而布局。正如清代《宅谱指南·宗祠》中所言：“自古立于大宗子之处，族人阳宇四面围位，以便男妇共祀其先，切不可近神坛寺观。”于是宗祠便成为礼制空间的核心体，其他居住建筑为围合体。核心体与围合体的关系，正是社会伦理与家庭秩序的象征。和顺乡几个族姓宗祠均遵循这一精神空间的构成原则。

（三）和顺乡族姓祠堂

构成和顺乡同姓家族聚居地精神活动中心的八姓祠堂，尽管都按照一定的格局，由大门、过厅、正堂、厢房、庭院、花厅、照壁等依中轴线递进关系形成系列空间，但因各自所选择的环境位置不同，建造的规模大小不同，投入的人力、财力不同，因而表现出各自对所处地形的不同处理和综合运用，形成不同的景观效果。在经历了历史的动荡之后，留存至今的整体环境和房屋质量、完好程度也彼此各异。其中，保存得较好的是李氏宗祠、刘氏宗祠、张氏宗祠和贾氏宗祠。另外的寸氏宗祠、尹氏宗祠、杨氏宗祠、钏氏宗祠都在用做乡村小学校，现仅剩残缺的入口门楼、牌坊或一两栋旧房，其余都按小学校的使用需要而进行了多处改造新建。

1. 李氏宗祠①

在荷池清流之旁，松杉林茂的黑龙山东麓，镶嵌着一组殿堂楼阁、拱门台阶的建筑群，这就是与艾思奇故居遥遥相望的李氏宗祠。

当你绕过龙潭，往北踏上林荫古道，约百米之遥时，坐落在山坡高台之上的李氏宗祠就展现你的面前。由于该地形坡度较陡，整个祠堂就背靠山坡，面向东北，依地形高差布置为前后三部分序列建筑空间，设踏步层

坐落在绿林中的李氏宗祠

李氏宗祠大门及“登龙”、“望凤”门坊

① 文中联、匾摘自旅缅十八代裔孙李生龙1987年写于缅甸东枝的《和顺李氏宗祠回忆记》。

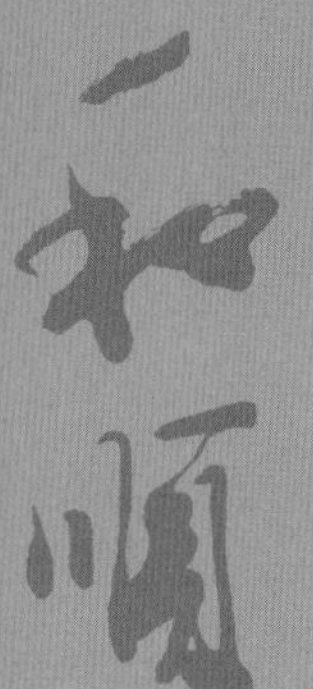

层联系，有分有合。

（1）前导空间。

沿路边开口，在轴线上设十余级台阶，拾级而上呈一平台，中分两路，从左右再上台阶，至台阶转折处，矗立着两道石砌方形拱门牌坊。门头上各嵌有由乡人李曰垓手笔的两块石刻，左为“登龙”，右为“望凤”，意即登上黑龙岭，遥望来风山。由此穿过拱门拾级而上至祠堂大门前的月台，昂首仰望，一座堂皇雄伟、居高飞檐的三叠水牌楼式大门耸立天际，颇有气势，门两边的墙垣呈八字形闪开，中间是一组三十余级的三折式扇形石阶，显得十分气派。上得门来，气吁呼呼，其势之高峻由此可见。中门上悬挂有一块红底金字的“李氏宗祠”大匾，两边各配有一幅对联（李曰垓书）

派衍阳温暾，正昔日，彩云南现；
门迎高黎贡，看吾家，紫气东来。

左侧门配联：　型族型宗，排启礼门义路；
乐山乐水，放开智眼仁眸。

右侧门配联：　后裔循规，止孝止慈止敬；
先民有则，立德立功立言。

（2）过渡空间。

跨槛入门，是一块宽敞的场地，视野开阔，其宽广之处可以作两个篮球场之用。此处远可俯览眺望龙潭、田园景色和绵延山峦，近可环顾浓郁的林木。抬头向后，二门巍然在望。当中也是一组整齐且窄而长的石阶，石阶前端左右分居一对雕刻精致的石狮子，两旁分植梧桐二株，枝繁叶茂，象征子孙繁昌，并有“庭栽梧桐待凤栖”之诗意。二门上也嵌有“木本水源”四个大字之横额，门两边的配联为：

我先人远出巴川，自奉调从征，安居乐土；
予小子勿忘祖德，当诵枌知木，饮水思源。

门后又有一联云：

有自发祥长，唐社开基三百载；
无疆流泽远，周时垂世五千言。

二门以及建在高墙石基之上的祠堂厢房山墙、围墙，构成一组对称但起伏有致的优美外形轮廓，墙上开设的圆拱门、窗洞口打破了墙体的封闭，墙后有枝叶交错的花木古柏争相展颜，使幽静的祠堂增添无限的生机，正所谓“满园春色关不住”。

（3）核心空间。

进入二门，耳目为之一新，呈现在眼前的又是一宽敞的庭院，园林清幽，花木扶疏。每当春明景丽之时，莺歌燕舞，姹紫嫣红。仰望居中建盖于高台之上的祠堂大殿，巍峨辉煌，两侧对称设置的三面回廊歇山式厢楼，卧檐飞角，展翅临空，十分壮观。二层厢楼，明窗净几，常作为族人聚首议事、接待客人之所。厢楼后又各设花园，并把围墙做成三叠式照壁，壁间书画琳琅满目，园中竹梅疏影，碧草成茵，墙内墙外相映成趣，浑然一体。

两边回廊式厢楼下端，又各建有尺度相对低矮且带檐厦的厢房，比厢楼更远离中轴线。大殿与厢楼、厢楼与厢房彼此的高差接近一层，其布局体现出充分利用坡地台坎，形成叠落有序、联系方便而又主次分明的格局特点。

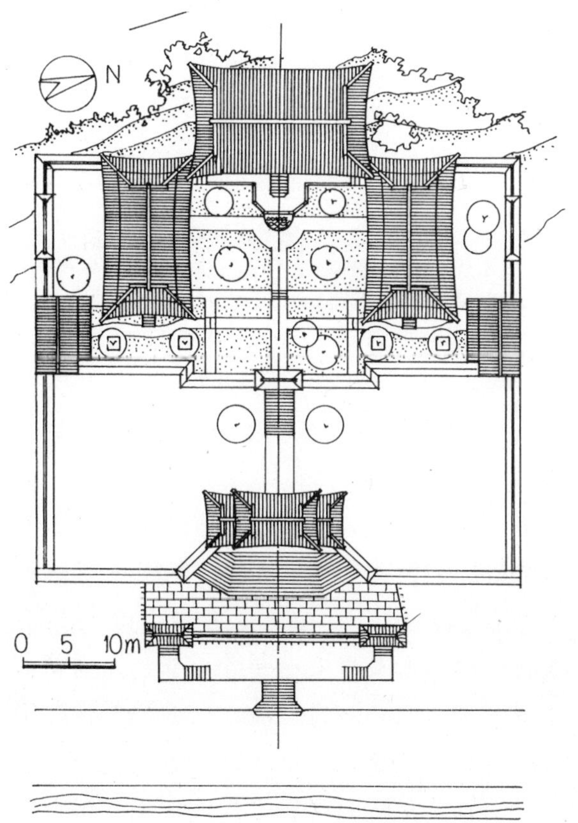

李氏宗祠总平面图

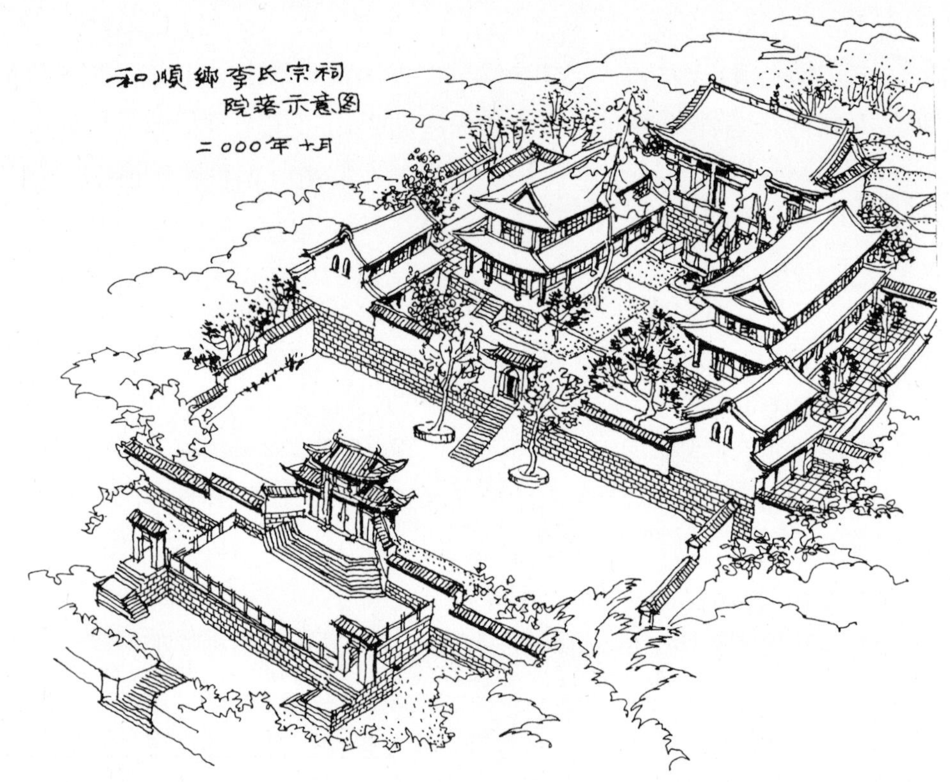

李氏宗祠院落空间鸟瞰图

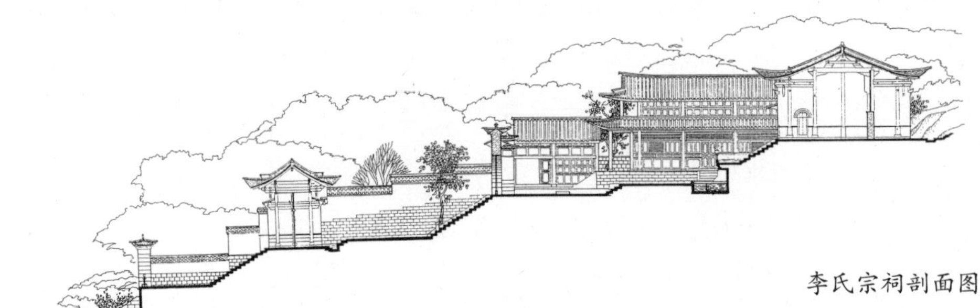

李氏宗祠剖面图

庭院花园中央呈十字形布置，便于联系各房屋。由于大殿与庭院高差约3米，其上下联系石阶设置尤为特别。分成两段布置，先分别从两侧上至一六边形月台，然后再居中合一往上。月台高度约占高差的一半，台边围有石栏，每根石栏柱头均有雕刻精美的石盆，内植花草。台下是一石拱，正中伸出一石雕龙头，口吐清泉，流入台前的月牙池中，喷珠泄玉，淙淙有声，清幽雅观。此处独有的山泉水井，设置构思巧妙，既是祠堂核心空间中的景观视觉中心，又解决了居于山坡之上的祠堂内部用水需要，游人到此总会驻足观赏，仰观殿堂，俯赏流泉，清风徐来，花香扑鼻，顿觉心旷神怡，消除了此前连续登台爬阶的劳累。待神清气爽后，再沿两厢回廊绕上月台，直登大殿或来回游览。

大殿为三开间大五架单檐硬山屋顶，明间前檐梁枋上高悬“道德开基”大匾，两旁檐柱上挂有楹联：

绝缴始开基，看万里云山，郁为观音倒座；
大宗系收族，原一堂香火，延到弥勒下生。

中堂正门上也悬挂有一匾“声垂无穷”，为谭延闿所书，笔力万钧，实系近代墨宝。横楣两旁有一幅李曰垓所撰长联，联云：

凤岭龙潭，龟坡马岫气佳哉，固宜嬴育奥区，历汉唐宋元几朝，犹在羁縻，问谁蓝缕启疆，禴禘尝蒸，报腾冲卫功德，亦为乃祖考。

士师藏史，飞将谪仙族大矣，且慢攀援往哲，计寸刘尹贾五姓，同来谛造，即今闾阎撲地，睦姻任卹，有和顺乡声名，以御于家邦。”

对联共98字，意含本乡地理、人文及历史诸景观，实为不可多得之佳作。

左侧门联云：

闻先世有大英雄，斩此蓬蒿成宅宇；
羡累叶多魁梧士，肃将萍藻荐馨香。

右侧门联云：

潭自拓蕉溪，吾祖犹龙见处，好参得一理；
山宜辟桐圃，他年有凤来时，最近第三枝。

明间中堂正面神龛中，设立有“大明从征卫所千户始祖黑斯波李公之神位”牌位。每年春秋祭祀之时，裔孙集聚一堂，供桌上宝鼎焚香，烟雾缭绕，庄严肃穆，敬仰之心，油然而生。环观殿内，逢梁有匾，遇柱有

联，壁间书画，均出自名家手笔，实为乡中文物荟萃之所。出中堂之门，凭栏远眺，贡山横亘，云雾缭绕，白雪皑皑；近看凤岭龟山，罗列环拱，盈江小河，蜿蜒奔流，烟村错落，阡陌纵横，荷池处处，杨柳依依，宛如一幅彩色的山水画。凡游此处者，莫不留连忘返，实一游览胜地也。

迄今，建于民国十二年（1923年）的李氏宗祠整体环境保存得较为完整，且其院落规模、建筑气势在和顺留存的几个族姓祠堂里当数第一。

2. 刘氏宗祠

刘氏宗祠位于李氏宗祠不远处，位置则选择了相对向内凹进的山谷边。祠居中间，两边的山坡地形构成环抱之势，不失为一良好的风水宝地。环村道位于祠堂前，使祠堂大门、院落丰富的造型、景观完全露出，一目了然。

刘氏宗祠为前后两进院落格局，除大门外，祠堂的过厅、主殿、厢房及内部环境均有不同程度的损坏或改造。其最精彩之处在于祠堂大门及前面的空间处理。刘氏宗祠在大门前有近似半圆的池塘，这种布局很符合民间风水观所认为的理想建筑环境，即“……前有泾池，谓之朱雀；后有丘陵，谓之玄武；为最贵地。”

跨过池塘，在中轴线上建造有一道形式优美的双孔石拱桥，拱桥与祠堂门楼之间为半圆形缓冲场所，共同构成祠堂门前的外部景观环境，而这一座拱桥也象征着将祠堂里供奉的本族姓祖先和现实生活于村落中的后代联系起来。

刘氏宗祠外观

刘氏宗祠大门正立面

刘氏宗祠大门为三叠水牌楼式大门。与李氏宗祠大门相比，造型相同，但尺度稍小，更显得亲切近人、端庄秀丽。门两侧的八字形墙不长，与两边的围墙连接自然，所围合的小平台同前面的半圆形月台、桥廊一道，用石栏围护，形成统一而有层次的整体效果，共同衬托出祠堂大门的中心主导地位。门前的平台、月台均重建于民国九年（1920年）。

该宗祠大门两侧原有石制标杆，“文革”中被毁。

进入大门，有一过渡的庭园空间，居中拾级而上到达过厅，过厅为三开间五架单檐硬山顶，清光绪六年（1880年）重建。庭院围墙一面紧接过厅山墙，另一面则与过厅山墙间留出进至后面厢房的小巷。

穿越过厅，便是一个由大殿、两厢及过厅四面围合的方形天井，然后分左右沿两厢的檐廊经过大殿两山前端开设的圆拱门至大殿。大殿建于高台基之上，为三开间大五架单檐硬山顶穿斗式建筑，建于清咸丰五年（1855年）。

大殿明间设神台，神台上建有暖阁，阁内设置祖宗牌位。正中牌位书：“大明从征总旗官始祖讳继宗刘公之灵位。”原神台、暖阁及祖宗牌位等物于“文革”中被毁，1997年由族人捐资重建。

据村人刘振顺介绍，每年清明祭祖，和顺、绮罗、梁河等地的刘姓均来，置三牲，念祭文，行跪拜礼祭奠。过去女性不得进入宗祠参加祭祖礼仪，现已改变。

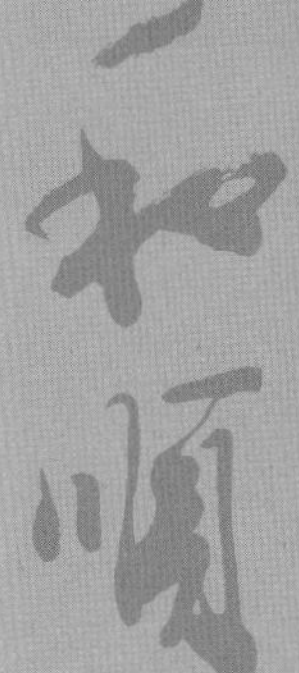

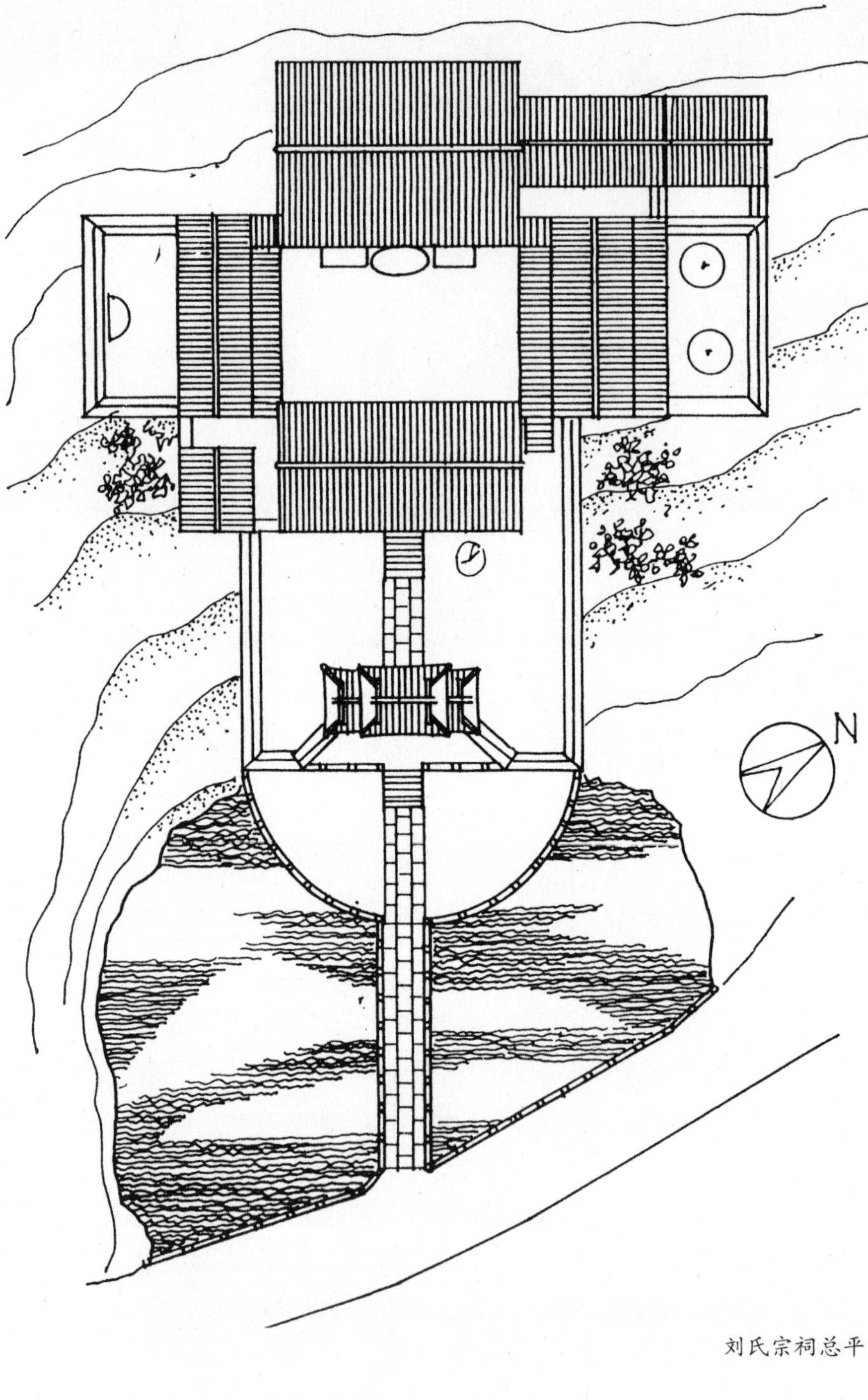

刘氏宗祠总平面图

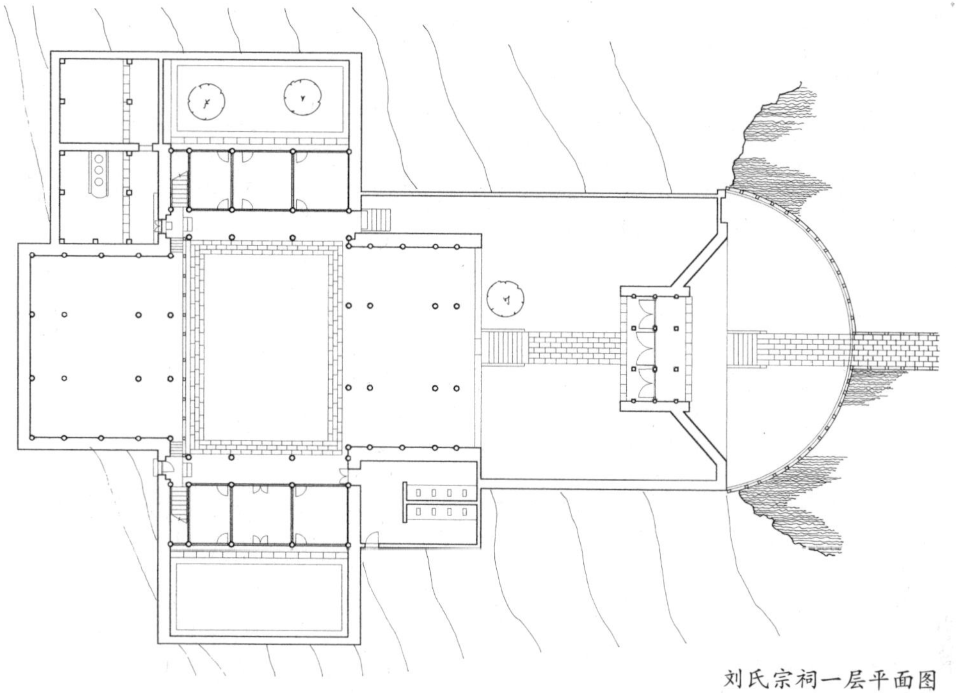

刘氏宗祠一层平面图

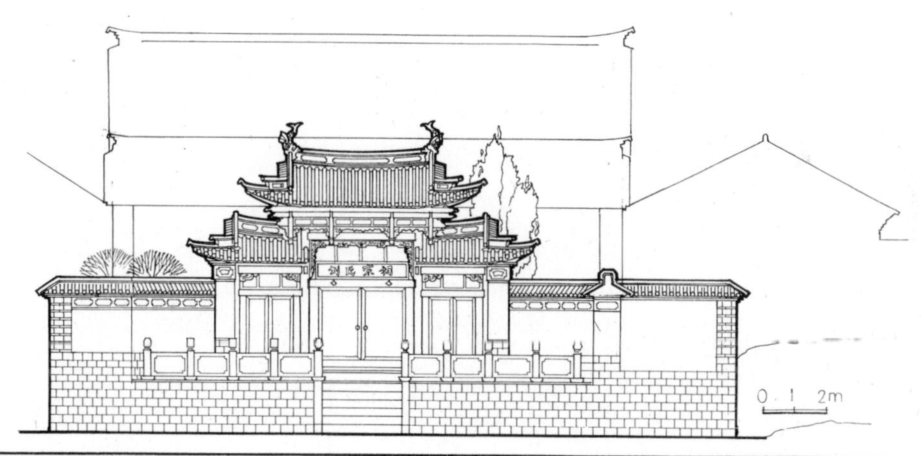

刘氏宗祠大门立面图

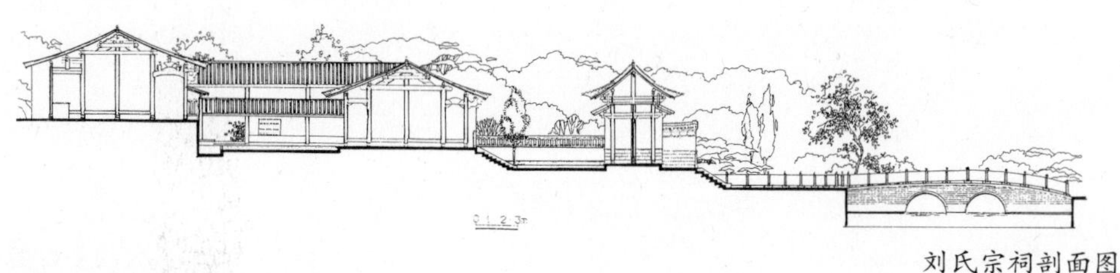

刘氏宗祠剖面图

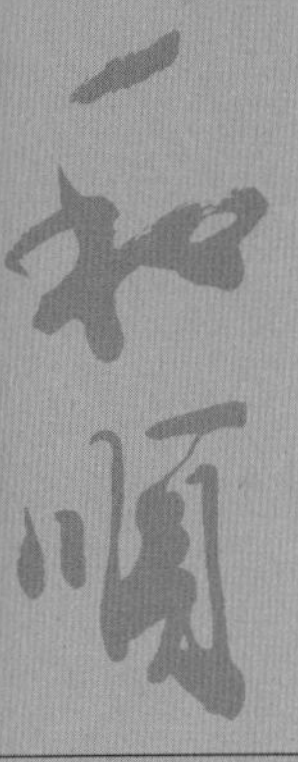

3. 尹氏宗祠

尹氏宗祠位于和顺主村落大尹家巷口前西侧的田野边，祠堂坐东南向，西北面对开阔的田园，为四合院建筑，始建于清道光十年（1830年）。

大殿为三开间单檐硬山顶穿斗式建筑，殿下左右两侧为二层厢房，对面为三开间过厅平房，厅房右边次间设为通道，厅房外有一个长方形池塘。

尹氏宗祠大殿内两侧墙壁上，写满了毛主席语录，为“文革”遗迹。尹氏宗祠曾为和顺中心小学所在地，现中心小学虽已搬出，在村后山坡上另建校舍，但宗祠现仍为其分校及幼儿园。

尹氏宗祠的大门布置并没有按常规放在过厅前的中轴线上，而是单独另设在过厅的右侧，朝向东北向，与过厅相隔一段距离。自然，出于交通出入的方便，进入祠堂大殿的通道也就设在过厅右边的次间，不再循规蹈矩地居中布置，这反映出在满足大格局不变的前提下，结合实际地形现状

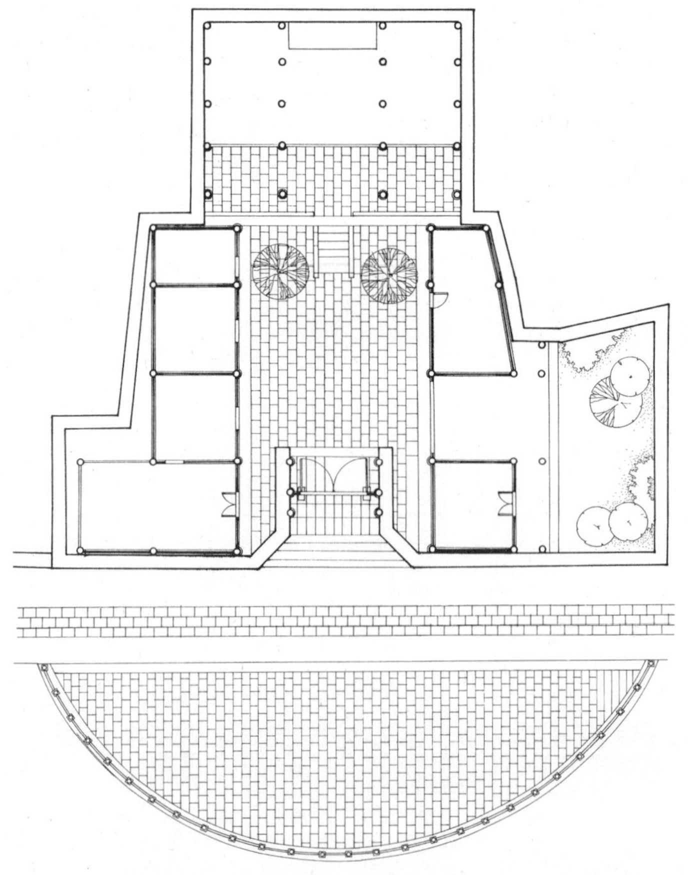

贯氏宗祠平面图

所做出的一些灵活处理。一则尹氏宗祠地处环村道下紧接田野，在主体建筑方位朝向已确定的前提下，如再将大门沿朝向轴线对称布置时，势必要再修筑到祠堂大门外的道路，多占耕地；二则改变大门朝向后，很便捷地与大尹家巷通往田园河边的延长线相联系，而且，门前也有足够的过渡引导空间，往上可进入大尹家巷和环村道，往下可至河边洗衣亭。

尹氏宗祠的大门为八面风折线形五段式组合的圆拱牌坊门，对外有迎合之势。

4. 贾氏宗祠

贾氏宗祠位于和顺贾家坝村前的环村道上，紧靠路边，始建于民国十二年（1923年）。祠堂建筑为“一正两厢”式院落格局，坐南朝北。祠堂大门居中开设，大门额头上悬挂“贾氏宗祠”木匾，两边门联云：“望出洛阳原一脉，名高清慎重千秋。”

门外隔路对面，筑有半圆形月台，台边有石栏回护。东可近看顺坡地毗邻而建的高墙宅院，西可远眺嵌入田间的张氏宗祠以及紧接其后的民居院落。

进入宗祠大门是一个空间尺度不大的天井，三开间单檐硬山的正堂建于高台基之上，略比二层的两厢楼房稍高，殿前种有两棵紫薇花。明间正堂设祖宗牌位，中间题书“钦命腾越指挥所世袭千户始祖寿春贾公之魂位”。中堂悬匾“绳其祖武”， 两边柱联云：

显亲扬名，此即为尊祖敬宗；
修己务实，斯不愧孝子贤孙。

正殿左侧厢房后又设一花园，右侧厢房隔狭道与另一户贾姓宅院相连。在沿环村道路上呈现的外形轮廓，使贾氏宗祠与其右边的宅院合为一个整体，四个造型处理相同的厢房山墙连续排列，颇有韵律。贾氏宗祠本身融于民居群体，其宗祠意象也显得不那么明显，要不是门前的月台提示和门上的匾额标明，恐怕会被当作是一户人家的普通宅院。

5. 张氏宗祠

张氏宗祠位于和顺乡村落西面的张家坡村口，前临田野河道，后面紧接民宅。从整体环境布局上看，张氏宗祠较有特点。由于地形所限，祠堂主体院落为坐东南向西北的一四合院带一花厅照壁的格局，而祠堂大门却与主体院落转了近50°角。这一朝向变化不论是经风水先生相地决定，还是建盖匠师的独到选择，使祠堂本身的空间增加了变化，既兼顾了多方位

贾氏宗祠及周围景观

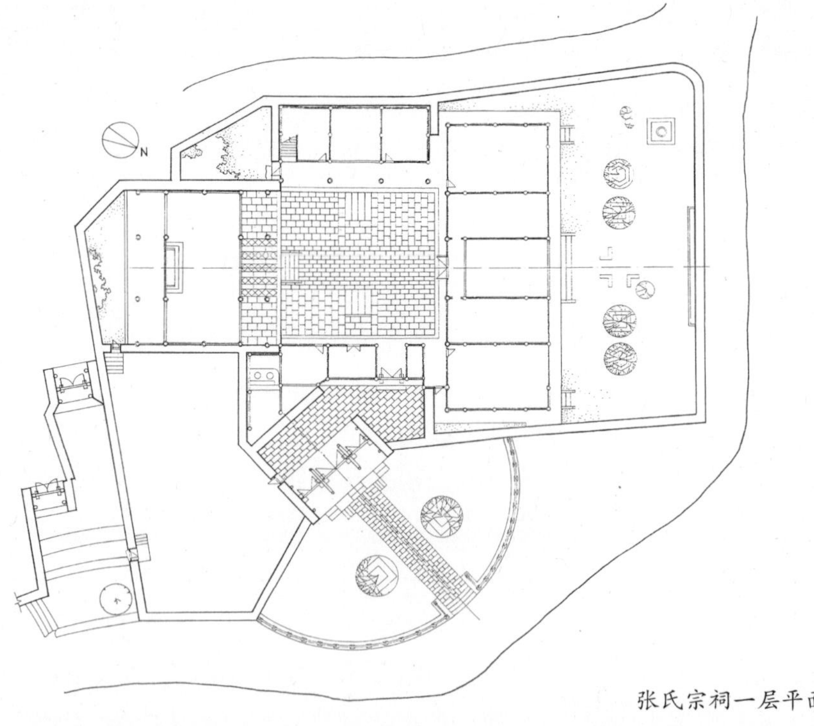

张氏宗祠一层平面图

的视觉效果，同时也缓解了把大门置于主体院落轴线上所带来的地形局促和对称呆板，保持了花厅空间的完整，而且使之能在祠堂大门前从容地设置一宽敞、舒展的扇形月台，避免了和环村主要道路的交通冲突。这种在

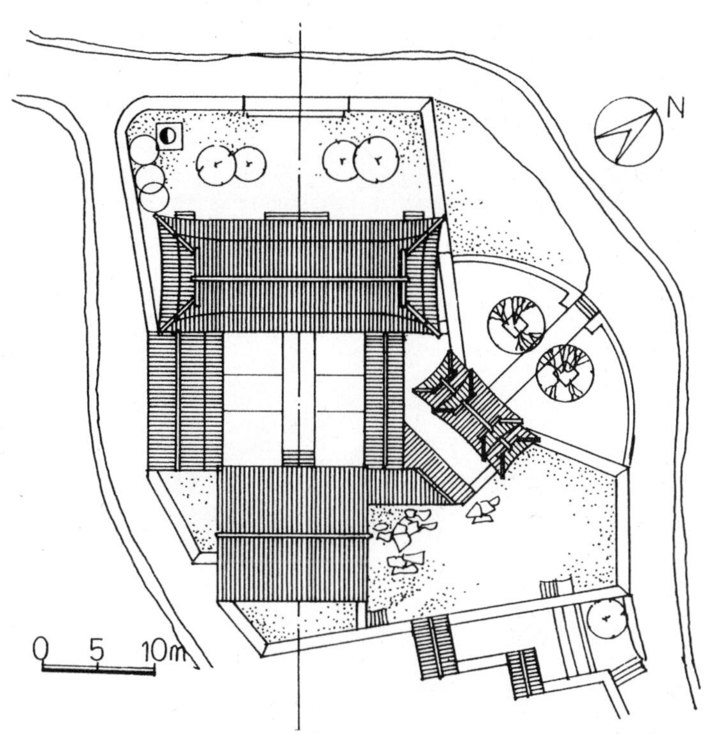

张氏宗祠总平面图

地形限制下对环境场所的处理，值得我们借鉴。

张氏宗祠大门为三开间木构牌楼式大门，明间两中柱前后有抱鼓石，置于石台基座上，门额上悬挂“张氏宗祠”和“永振家声”两块大木匾。前者为光绪壬辰（清光绪十八年，即1892年）仲春月良旦，“拾伍、陆、柒、捌、玖代裔孙立”，大门有对联云：

派衍清河鳞振甲，
门排宝岫凤来仪。

纵向耸立的祠堂大门与水平展开的八字形围墙，在视觉构图上形成空间对比，同前面由石栏围护的舒展月台相互组合成围抱之势。从月台到大门前的通道两侧各植香樟树一棵，恰如一对守门护卫立在门前，门前原立有石制标杆，毁于“文革”中。

从外部舒展的月台，通过大门进到门后一个狭小的过道空间，迎面设一道粉墙灰瓦照壁，壁上横书“同敦本根”四个大字及两侧对联。联曰：“力行忠孝事，多读圣贤书。”通过这一空间的转折，再由厢房二门进入四合院，本也不大的天井一下就觉得豁然开阔，运用欲放先收的空间处理

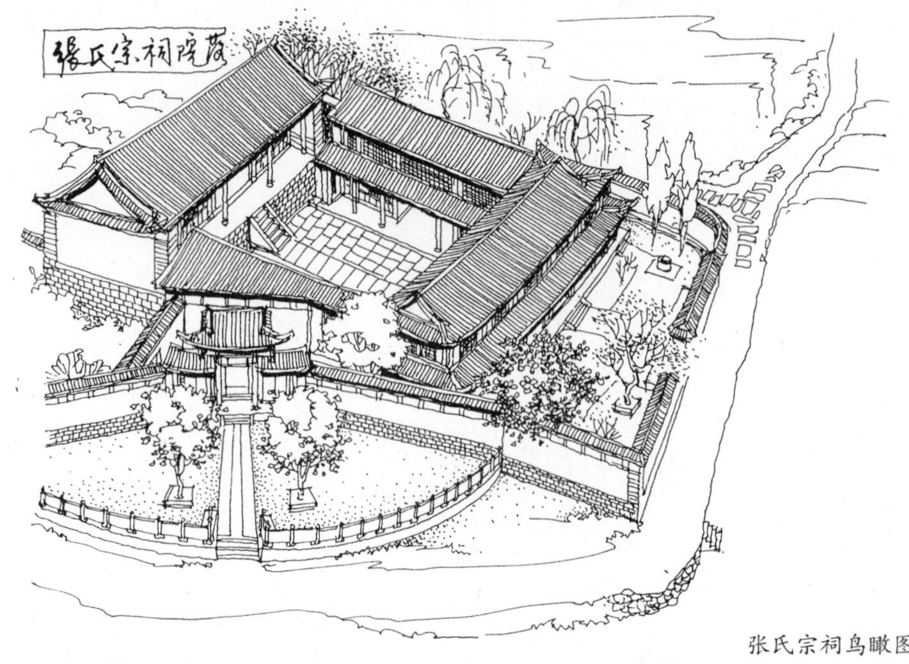

张氏宗祠鸟瞰图

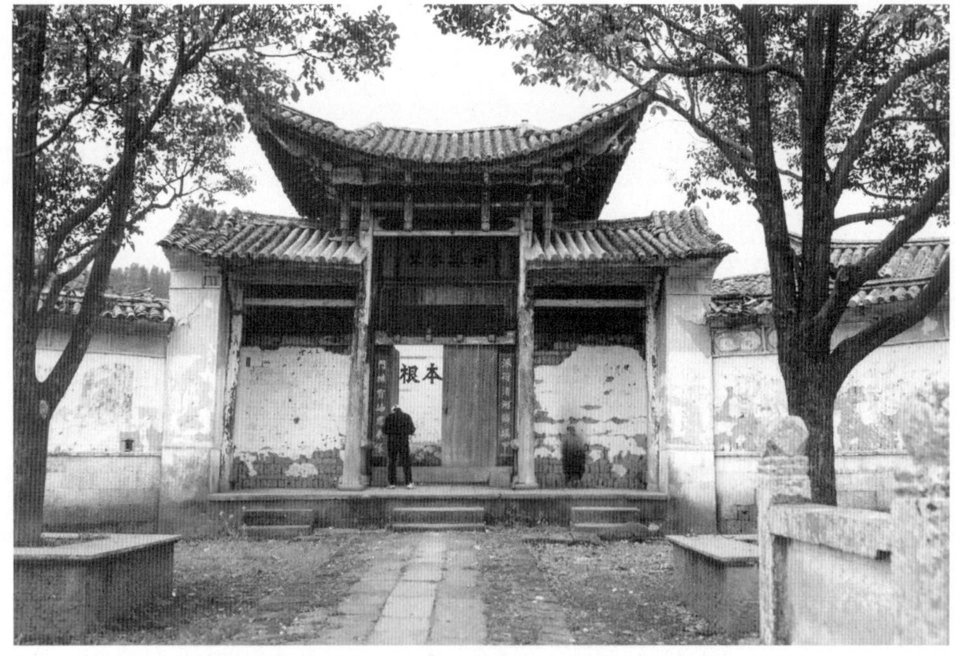

张氏宗祠大门

形成对比，真正达到和取得了不同的视觉效果和心理感受。也许在门外还说说笑笑，一旦过渡到祠堂院落中心对称方正的内部空间，便会肃然起敬。

张氏宗祠主体建筑为四合院带一花厅，其中轴线一端是位于高台基之上的三开间单檐硬山面殿堂，堂后与围墙形成一个不规则的小园子，另一端则是一片造型优美的三叠水式照壁和种植着花木的花厅，两者之间安置了一幢五开间重檐歇山顶的二层过厅，且周围带有一圈环廊，中心天井是族人祭祖跪拜的室外场所，而过厅与照壁之间的花厅却是在祭拜之余的交流休闲场所。

大殿筑于高台基上，居中置台阶5级，明间两侧柱上挂联云：

乘一障安南诏，爰宅于兹廿余代，追数故家，何减潇湘云梦；
鉴千秋作卤铭，有间在昔五百年，再生名世，岂矜书法文章。

大殿居中设神台供祖宗牌位，正中书“张氏鼻祖明援总旗正公位”。殿内梁檩上悬挂匾额数块，有“气接衡湘”、“积厚流光”、“俎豆维新”、“流泽孔长”等，皆为清光绪和民国年间所书题。

大殿两山抱柱联云：

想祖宗忠厚传家，肯构肯堂，十四代继继承承永仰祖功宗德；
愿子孙勤俭立业，以嗣以续，亿万年绵绵翼翼定占子贵孙荣。

大殿下左厢为三开间二层楼房，上下楼梯置于靠大殿一端山墙处，二层与过厅串联在一起，可观览窗外之田园美景。左厢有匾“笃庆锡光”。

张氏宗祠扁额

张氏宗祠扁额

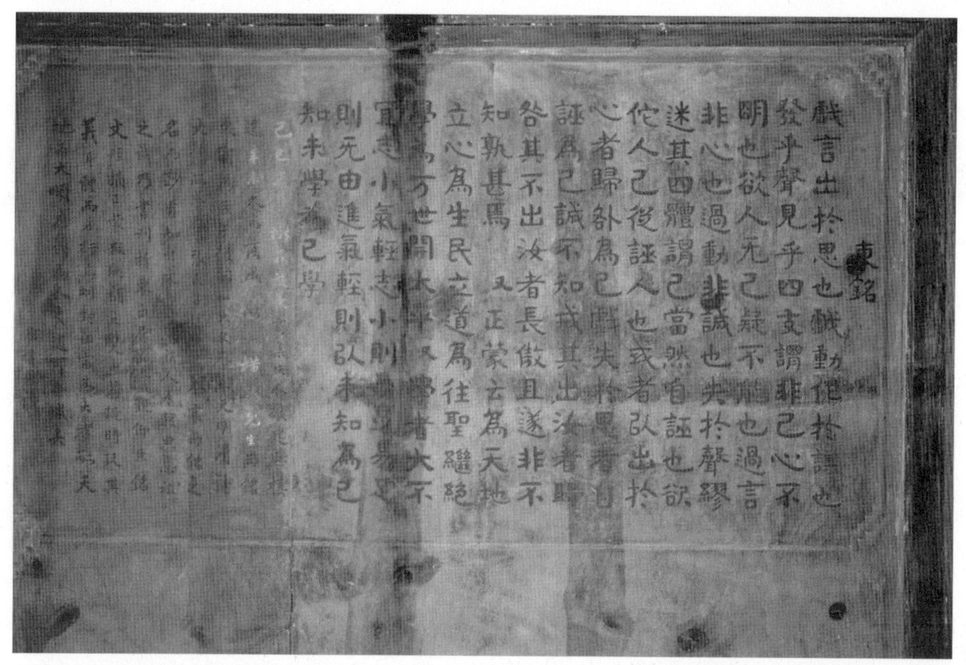

张氏宗祠内板壁上篆刻的东铭

右厢为不规则的一层平房，靠大殿一端较宽。正因为如此，才同时保证了与大门平行的后墙壁和内部天井庭院的方正、完整。

五开间的过厅下面，有长方形花园，园内栽梅一株，金桂两株，紫薇、扁柏各一株。厅房一层明间东西两面的木板壁上镌刻有“横渠先生两铭”，称“东铭”、“西铭”，为乡中举人张励书。

东铭：“戏言出于思也，戏动伦于谋也。发乎声，见乎四支，谓非己心不明也。欲人无已，疑不能也，过言非心也，过动非诚也。失于声，缪迷其四体，谓己当然自巫也。欲佗人已从诬人也。或者以出于心者，归咎为己。戏失于思者，自诬为己。诚不知戒其出汝者，归咎其不出汝者，长傲且遂非不知孰甚焉。又，正蒙云为天地之心，为生民立道，为往圣继绝学，为万世开太平。又，学者大不宜志小气轻，志小则易足，易足则无由进；气轻则认未知为已知，未学为已学。”

西铭：“乾称父，坤称母，予兹藐焉，乃混然中处。故天地之塞，吾其体；天地之帅，吾其性；民吾同胞，物吾与也。大君者，吾父母宗子，其大臣宗子之家相也，尊高年所以长其长，慈孙弱所以幼其幼。圣其合德，贤其秀也。凡天下疲癃残疾，惸独鳏寡，皆吾兄弟之颠，连而无告者也。于时保之子之翼也，乐且不忧纯乎孝者也。违曰：悖德害仁，曰：贼济恶者，不才其践形惟肖者也。知化则善述其事，穷神则善继其志。不愧屋漏为无忝，存心养性为匪懈。恶旨酒崇伯子之顾，养 育英才颖封人之

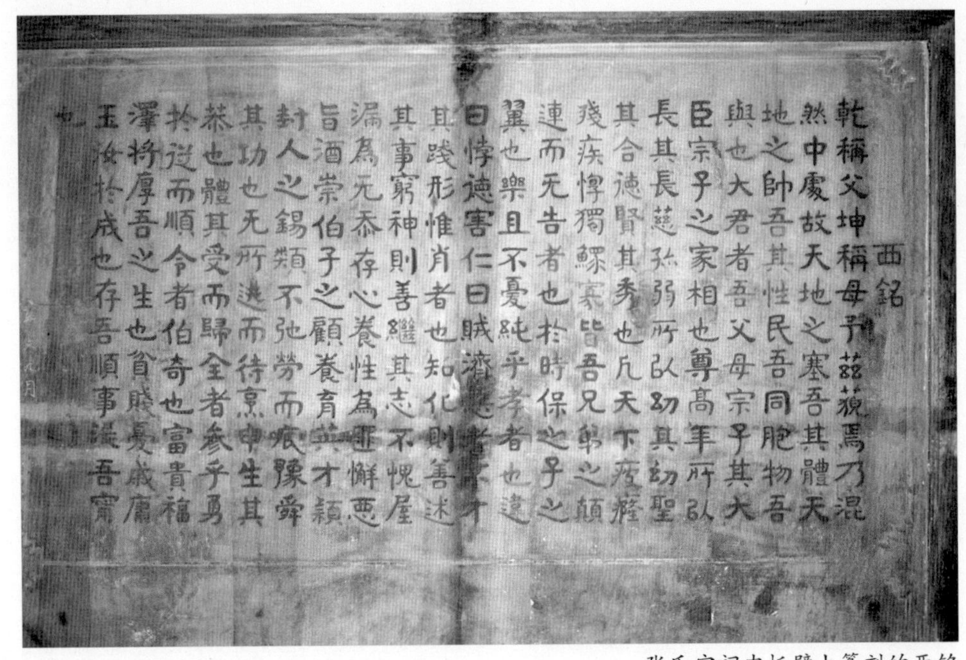

张氏宗祠内板壁上篆刻的西铭

锡，类不驰劳而底豫，舜其功也。无所逃而待烹，申生其恭也。体其受而归全者，参乎勇于，从而顺令者，伯奇也。富贵福泽，将厚吾之生也，贫贱忧戚，庸玉汝于成也。存吾顺事，没吾甯也。”

张氏宗祠于20世纪50年代初改造为粮仓，1952年“土改”中收归乡农会进行分配，后一直由乡合作社管理，调查时已归还张姓族人，现在由张姓境外华侨捐资重修。

和顺乡其余的寸氏宗祠，大庄村的杨氏宗祠、钏氏宗祠，现皆已改为它用，除格局尚存外，其中之殿堂、厢房均有不同程度的改变，已难再看清其全貌。

民智源泉　文化摇篮

——和顺乡的文化标志性建筑

一、文化性建筑

和顺乡优美的自然生态环境，深厚的文化积淀，是历代人们追求人与自然和谐、追求田园村居生活与耕读环境的理想模式。它的形成和发展，无疑得益于良好的聚落经济基础和聚落中数量较多的文人及有识之士。他们充分发挥自己的聪明才智，因地制宜，因势利导，通过不断的努力和创造，把自己的生活居住环境建造得如此完善。而这一切，除了早期移民所具备的先天文化素养外，还与他们懂得如何教育、培养后代，学习继承和发扬传统文化精神有关。特别是在外出经商、见多识广、受西方外来文化的影响下，更感受知识的重要性。是故，素重耕读之本的和顺人十分重视教育，不但在聚落环境的经营布局上，而且在居家宅院的建筑装饰处理上，均处处展现出“诗说礼教”的传习氛围。寓教于景，寓教于物，通过大量有形、有意的诗词楹联、碑文匾额、人物故事，使乡人后代耳闻目染，铭记在心，于日常的生活行为中，从小树立起崇尚文化、自强不息的进取精神，代代传延。同时还建立专门的寺庙宫观、义学书馆，作为乡人传播知识的公共场所。这样，我们今天所看到的有三个魁星阁、一个文昌宫和一个全国独一无二的乡村图书馆同时并存于规模不大的聚落里，其重文、重教的深刻含意，自然也就不言而喻了。所以，以和顺图书馆为典型代表的文化、文教建筑的兴建，是和顺人世代耕读生活发展的历史必然。

（一）和顺图书馆

和顺图书馆始建于1924年，是侨乡著名的文化设施和“知识殿堂”。图书馆位于和顺乡主体村落的入口正中，坐南向北，依山而建，背后以紧

和顺图书馆大门

图书馆西式大门

图书馆主体向前凸出飞挑的六边形阁楼

和顺图书馆大门

人居和顺

密相连的村落民居为衬托，门迎宽阔富饶的和顺坝子，小河从门前流淌而过。整个馆舍占地1450平方米，分大门、二门、馆楼和后厅（后厅为近年增建，起名“藏珍楼”，二层砖砼仿古建筑）四个部分。图书馆的第一道大门为三叠水木构传统形式，系汉景殿旧有宫殿式大门，中间高出部分为歇山顶，出挑深远。整个门楼尺度虽然不大，但经过门前两段不同方位的台阶转折过渡与烘托，使其居高临下，气宇轩昂。门上悬挂的蓝底白字大匾“和顺图书馆”，为乡人张励所书。进门后，是一空间稍显局促的台坎，分左右拾级而上，中间凸出的平台石栏上，镌刻有著名数学家熊庆来的题词“民智源泉”，成为第一道大门框内的主要对景。

第二道门，系仿苏州原东吴大学门面建造的三孔西式砖石铁门，空灵透美，中间圆拱门内挂有胡适题写的“和顺图书馆”匾额，拱顶上部镶嵌有李石曾撰写的“文化之津”石刻。由此进入内部庭院，则是充满绿树红花、春意盎然的小花园。居中是修剪整齐、约有一人高的黄香木树围成的圆形花坛和四角镶边的花坛。穿过花园，即是图书馆主楼。主楼为五开间二层的中式建筑，但在二、四两开间处，左右各向前伸出半个六角形飞檐式亭台，二层再向外出挑吊柱。整幢建筑上下均为玻璃格窗，室内显得宽敞明亮，四壁着色素雅大方、轩昂静穆（以棕色、蓝色和浅绿色为主）。建筑立面对称严谨，结构精细典雅，统一中有变化，质朴中见真奇。

从建筑的平面图和剖面图来看，大门、二门及主馆巧妙地结合了有限的坡地空间，利用平台、石踏、花园来组织交通流线。通过转折过渡，联系前后建筑和庭院，把三种不同形式处理的建筑物有机地组合在一起，空间上层层递进。两道门楼和主馆，每个单体虽采用对称处理，但整体组合上并没有呆板地硬性统一在一条中轴线上，使得在立面造型轮廓上错落有致，相互衬托，前后层次分明协调。同时，图书馆还与紧邻的和顺文昌宫互为借用，共同形成丰富的建筑群体，成为和顺乡村入口处十分醒目的标志性建筑群落。

馆内藏书丰富，设有书库三间，杂志阅览室一间，报章阅览室二间，儿童阅览室一间（设在紧靠图书馆一侧文昌宫的朱衣阁楼下），借书台一个。原来还设有蕉溪、张家坡、大石巷三个分馆。图书馆原有藏书四万余册，其中有许多乡贤手稿、地方史料志书，较为珍贵的古籍和完整的成套丛书，此外，还订有1917年至1942年的《东方杂志》，缅甸华侨办的《仰光日报》（1935年），香港《大公报》等多种报刊，不出一周乡民即可看到。每天工余课后，乡民、学生放下农具和书包，纷纷到图书馆借书、看报，了解国内外形势，吮吸知识的甘露，欣赏各种名作。为此，乡民还亲

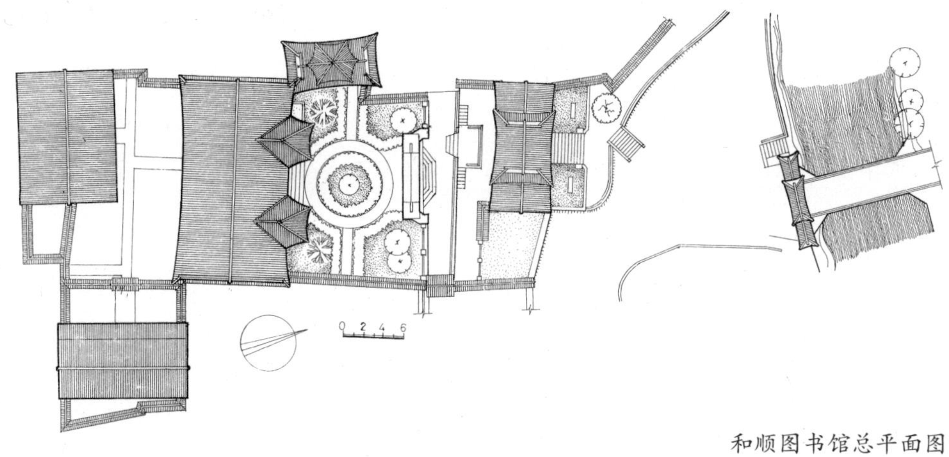

和顺图书馆总平面图

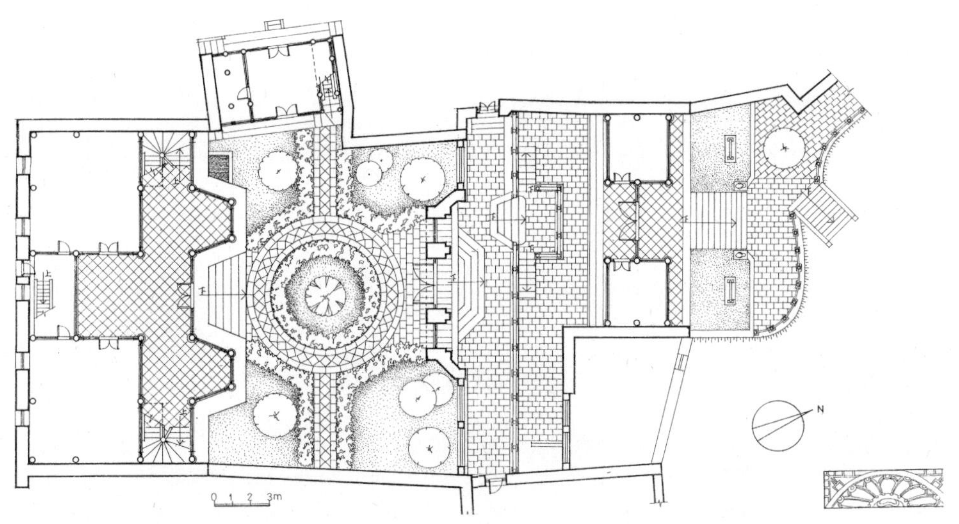

和顺图书馆一层平面图

切地把图书馆比作“我们的家庭、学校”和“边地的灯塔”。30年代，哲学家艾思奇从延安写信，希望家乡的图书馆一是要大众化，不要只为少数人服务；二要普遍化，多置大家都读得懂的书；三要多购备社会科学出版物，以启发人们的觉悟。有人曾题联称赞：“千秋事业书中史，万国风云座上观。”联语虽短，却道出了边地人民从图书馆得到的益处。

和顺图书馆是在该乡爱国青年组织的“咸新社”（戊戌变法前后）、“书报社”（“五四”运动前后）遗留图书的基础上，靠群众集体捐资、捐书，正式成立的。其中得力于各地华侨支持尤多，本村居民，爱它胜于子女，捐书修舍，数十年不断。在外地工作的乡亲，也常把它放在心上，

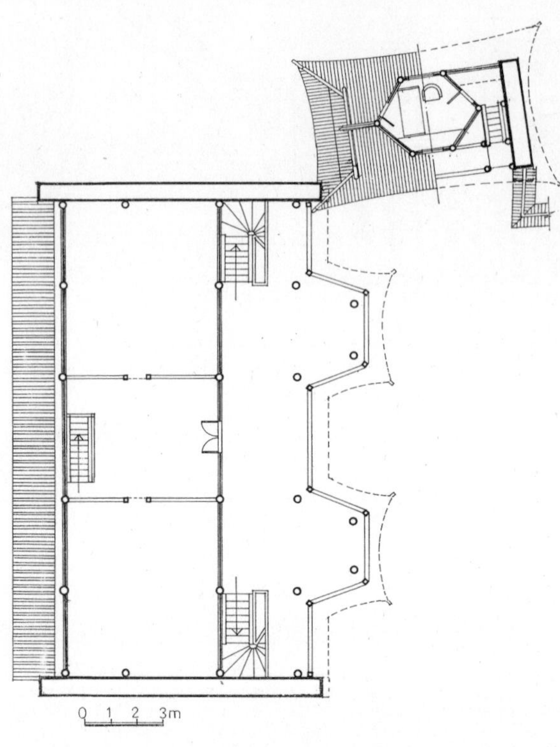

和顺图书馆二层平面图

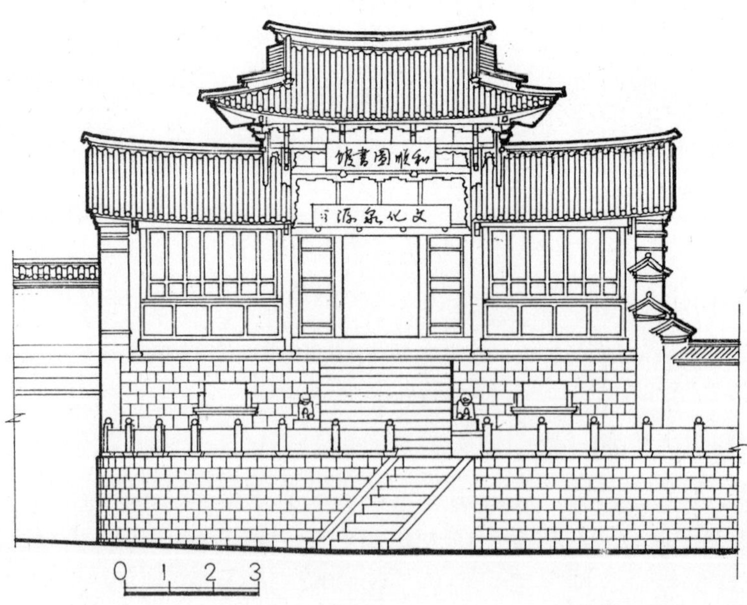

图书馆中式大门

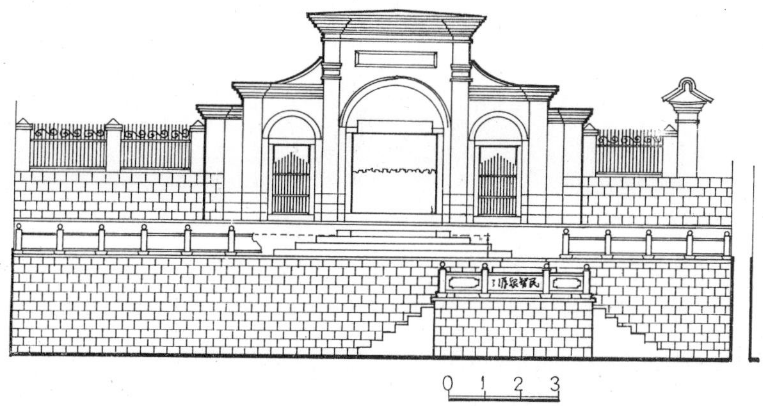

图书馆第二道西式大门

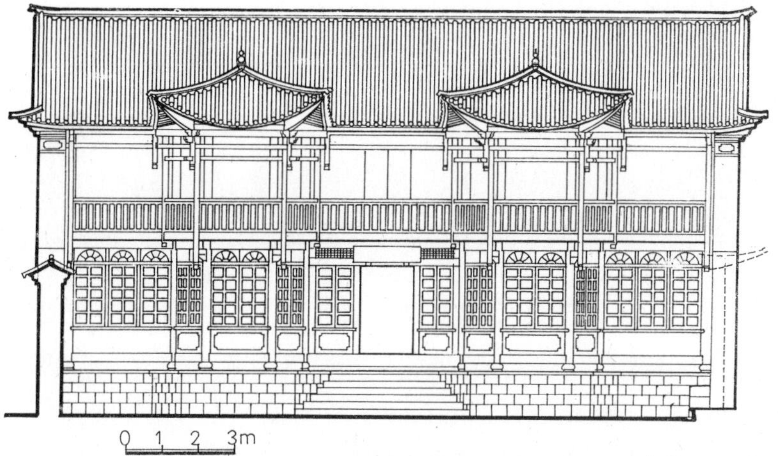

图书馆立面图

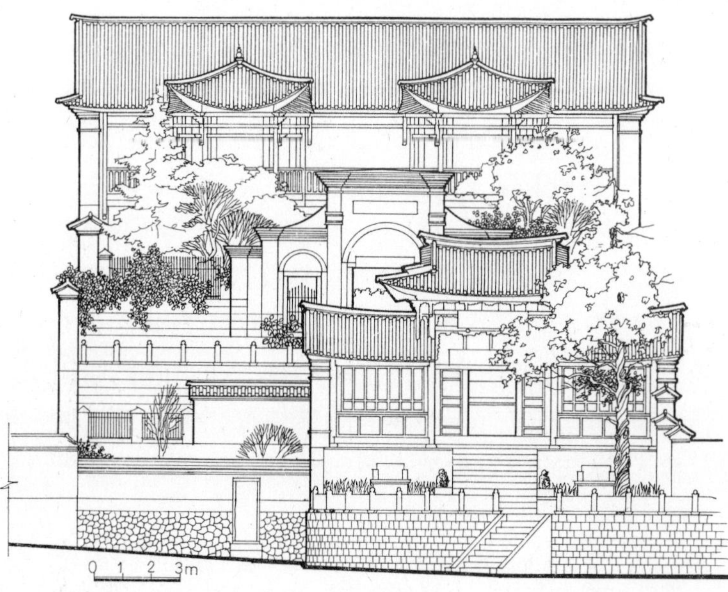

图书馆组合立面图

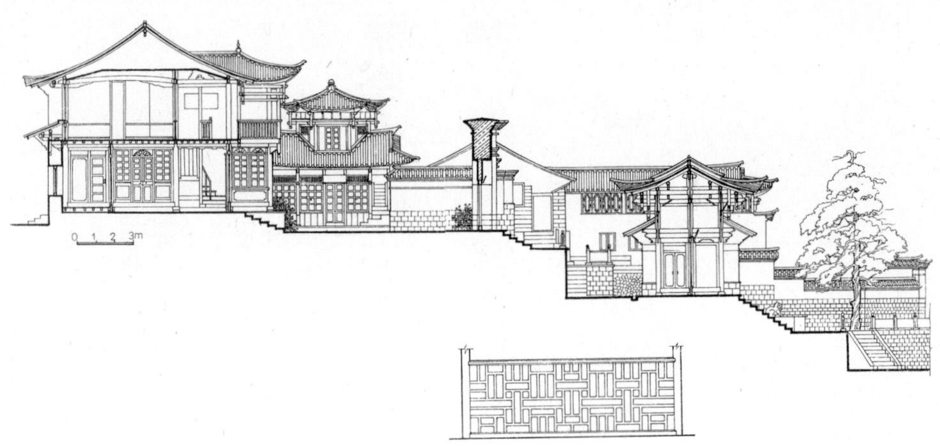

图书馆剖面图

这样，和顺图书馆得以长期坚持下来，不断积累，成为云南乃至于全国瞩目的乡村图书馆。张天放曾题词："在中国乡村文化界堪称第一。"

寸佩久先生《忆江南调·图书馆》中赞道："图书馆，翰墨满橱香。万卷琳琅经千理，一亭灿烂为春忙。柱下史难忘。"

和顺图书馆自成立之日起，就成为和顺"崇新会"[①] 集中议事和编印刊物的场所。崇新会不仅克服重重困难，致力于文化教育事业的发展建设，而且还以和顺图书馆为阵地，以《和顺崇新会刊》（后改为《和顺乡》）为武器，向腐朽、反动的封建主义和帝国主义发起进攻和战斗，提倡科学文明，讲求民主，谋求妇女解放；反对封建迷信，取缔买卖和包办婚姻；反对红白喜事的铺张浪费；改造乡村道路建设，鼓励打井和讲究饮水卫生；倡导绿化荒山，科学养殖，主张在家乡成立合作社等等。特别在抗日战争时期，侨乡人民不但口诛笔伐，呐喊呼号，还捐资出力参加抗战，进行了长期不懈、英勇不屈的斗争，为边城腾冲在全国最后沦陷而首先光复的可歌可泣历史写下了光辉的篇章。

更为突出的是，先后由十多位归侨、崇新会会员于1934年创办的《和顺图书馆无线电刊》从三日刊发展为日刊，后又改为《每日要讯》，除腾冲沦陷时停刊两年多外，在十多年的时间里，都在及时地报道和宣传中国人民抗日战争与世界人民反法西斯战争的消息。在当时交通闭塞、信息传播极其落后的滇西南地区，头一天的战事情况，第二天就通过和顺图书馆这份抗日救亡的新闻小报传遍全乡、全县及邻县，印数从几百张到

① 1925年，和顺乡热血青年先在海外将"青年会"和"促进会"改组为"崇新会"，意在"誓出旧染，崇尚新生"。总部设于缅甸曼德勒，并在和顺设分部，具体执行改革社会、建设家乡的决议。

②杨发熹："百年沧桑说原变"，载《和顺乡》1999年12月复刊，《和顺乡》编委会编辑出版。

一千五百多张，使和顺成为向滇西南发布抗战消息的新闻中心[①]。这对一个乡村来说的确是了不起的大事。

所以，和顺图书馆既是哺育人才的文化泉源和造就英才的革命熔炉，也是反帝反封建的战斗堡垒。1980年，和顺图书馆由国家接办，1993年，被列为云南省级文物保护单位，经费得到保障，地位不断提高，海内外人士捐资、赠书者源源不断，藏书数量猛增，至今已逾七万册。订有报刊40多种，杂志104种，藏有《九通》、《武英殿聚珍丛书》、《四部丛刊》、《二十四史》、《杨升庵全集》、《杜诗镜铨》（均为清初木刻本），《续藏经》等古籍善本；还有《云南通志》，《南诏野史》，《滇系》，《滇考》，《永昌府文征》，腾越州、厅志书等一批丰富的云南地方史料和名人著述。使近6000人口的和顺侨乡人均占有图书10册以上，这与全国市县人均占有图书量相比，高了许多。

这里选用和顺图书馆成立七十周年庆典会上，由旅缅瓦城云南同乡会敬献的长联一幅，作为对和顺图书馆全面的概括，从中可了解到和顺图书馆起到的历史作用。

> 双虹桥伴名书府，拜谒登临，凭栏抒逸，兴枕中天，俯粮川，挽二阁，眺龙光，山环水抱，堪称边塞桃源。追忆七十年沧桑，仰赖先哲贤达，赤子侨胞，富贾巨商，能工巧匠，呕心沥血齐奉献，把握人类生态，保平衡，循序渐进，育栋梁，赢来华夏东西南北中，乡村首创图书馆。
>
> 文笔塔映经典库，移目览观，开窗择宝，鉴演周易，悟春秋，察百科，译语系，日积月累，逐成知识海洋。拥列八万卷著述，尽供童稚青少，樵父耕夫，良师益友，游客嘉宾，聚精会神细磋研，造就时代群英，皆自强，次第鹏飞，凌云霄，遍及全球亚欧澳非美，锦衣更上藏珍楼。

此联共204字，上联描述了和顺图书馆坐落的环境和创建历程，下联盛赞和顺图书馆的宏伟规模与社会效益及影响。莫看这偏远山乡的图书馆，它凝结着多少华侨赤子的拳拳热忱和希望。有道是："书自云边通契阔，报来海外起群黎。"[②]它打开了一代代乡村农家子弟的心扉，表明和顺乡人历来重视文化教育，从而赢得了"在中国乡村文化界堪称第一"，

①杨发熹：《百年沧桑说原变》，载《和顺乡》，1999年12月复刊。
② 王家增："感悟和顺"，载《和顺乡》，1999年12月复刊。

"腾越文化先声"、"民智泉源"、"文化摇篮"、"文宣桑梓、义重乡邦"、"功开百代、声震五洲"的诸多美誉。

壮哉图书府，　矗立滇河滨；
双虹呈瑞气，　古柳散清荫。
拾级登楼阁，　景物随处亲；
匾联皆名题，　石刻寓意深。
置书十万卷，　由来重藏珍；
影响海内外，　勋绩人共称。
游罢问滥觞，　长者道"咸新"；
传播新思想，　宗旨奉创今。
文化建强县，　欣得旧制增；
同仁当共勉，　事业日日新。①

（二）绍春公园

绍春公园，位于和顺坝子西端的石头山东麓，左临关帝庙，右近三官殿，并从三官殿前沿驰道逶迤而上，为寸嗣仲所建的别墅。原名绍春别墅，后称绍春公园，乡人俗称高花园。

寸嗣仲，字绍春，清晚期旅居缅甸经商，民国十年（1921年）从缅甸返乡，"寻获斯地，披荆斩葛，豁除翳伏，凿石平沙，辟球场，筑石洞，砌花岩，别饶雅趣，亦欲藉以悦情，畅怿精神也。"整个别墅建设始于民国十年秋，落成于次年夏。

绍春公园因建于火山熔岩的山腹台地之中，在内部环境的布置及外部的借影、观景方面，均很独到，这可从乡人尹梓鉴先生所撰的《绍春别墅记》中感受得到。记中云："余知友绍春先生营花异草、芭蕉、紫竹，有老桂古梅，皆百余年物，不远数里，罗掘致之。因高阜处创置草亭……复于右盖一楼，面峰而背马鞍，来凤、宠岚列峙其旁。稍右瞩则和顺全乡毕见，数千家聚居南山下，层次为屋，楼宇杰出，外环峻墙，垩以白灰，故栉比如鳞，炊烟如云者，时时见之。乡之前，平畴数百亩，阡陌纵横，三合、大盈两水潆回若带，绕林南趋至张家坡始汇，流入缅之水，以是为宗，灌溉之利，多赖之焉。当四时晦明，绿柳依依，晴岚朝云，卷舒现没。冬则积雪满山，旭日照临，蜿蜒数百里，晶莹映射于

① 摘自邵曰能：《致和顺图书馆二十韵》，载《和顺乡》，2000年11月刊。

窗槛间，洵其景也。”

自该园建成之后，园主人寸绍春先生即在园中种植许多果树花木，对乡人、公众无偿开放，任人参观游览，还提供茶水，逢节假日，到该园游玩者络绎不绝。1947年，寸绍春先生又将该园无偿捐赠给和顺乡益群中学，以作为自己对家乡的奉献。学校接管后，仍名绍春公园，继续对公众开放。后疏于管理，公园荒芜，1961年后不断遭到人为破坏，现今仅有遗迹可寻。

二、标志性建筑

时代在不断演进，传统文化的变迁自然也不可阻拦，尽管许多遗存至今的古建筑的物质实体依然存在，但是它原有的功能已有不同程度的转变。比如现今和顺乡的古建筑中，以宗教性、祭祀性的建筑占多数。

从这些尚存的古建筑中，我们可以透过它的物质空间，寻觅到许多历史的踪迹，于是这一幢幢代表某一历史时期、见证某一历史事件的建筑物或构筑物，向我们讲述着一个个传奇的故事。

（一）聚落中的标志性景观

考察传统聚落景观，在聚落的聚集性主体形态周围，常常散布着一些孤植或零散的景观。这些景观规模不大，但却以独特的形式或向上高耸，或水平展开，与山形水势相结合，成为聚落主体景观的补充，比如，常见于村口或聚落中设置的古树、桥、台、塔、亭、文昌宫、魁星阁与寺庙等等。

在环境构成中，城居店铺，对树本不必苛刻。乡居定基，皆以树木为衣毛。广陌局散，非有树障，不足以护生机。山谷风重，非有树障，不足以御寒气。而乡野居址，树木兴则宅必发展，树木败则宅必衰落。草木繁茂则生气旺盛，护荫地脉，期为富贵垣局。

（二）关于桥、塔、亭之类

桥、亭、塔在中国传统聚落中比比皆是，其表层的风水文化含义名目繁多，或用以镇邪驱凶，或用以兴文昌运、聚气补缺、点化江山，这些繁多的风水文化寓意，仅仅是人们对亭、塔之类小品的一种偏好之解释，其本质意义在于寄托一种生活的理想。

1. 桥

由于传统聚落常以山环水抱为贵，因而聚落实体形态往往通过桥与外界的自然环境相联系。特别是在交通组织方面，桥梁更具有不可替代的作用。

和顺乡村落边的桥梁主要有6个：

（1）刘氏宗祠门前的石拱桥。该桥宽2米，长约12米，横跨于祠门前的荷塘上，为三孔半圆形石拱桥。桥两边有石拦板围护，造型优美。

（2）双虹桥。位于和顺乡村落主入口处，成为村前的标志性景观。双虹桥为两道单孔的两圆心尖券石拱桥，分别相对应地布置在村落主入口，两桥相距约50米。两道拱桥的桥面近乎于双坡面，桥边有石栏围护，且桥头靠环村路的一端各设门坊一道，左边一道，亦即靠近和顺图书馆一侧的门坊，略比右边的为高，且可以通过小型车辆。

（3）跃进桥。位于大尹家巷巷道延长线的河边，为两孔半圆石拱桥，桥身玲珑小巧。桥面两侧有石栏围护，呈平缓曲线。该桥建于1962年，由乡人刘升翠捐资所建。

（4）张家坡河边石桥。该桥为两跨石板桥，桥的一端有磨房，由中间桥墩下数级石台阶，便可至设置于河面中的条石井格，方便村中人在此洗衣、洗菜和儿童戏水。

（5）捷报桥。位于和顺乡村落西南面至魁星阁的石门坊前，是一道横跨于大盈江上的三孔石拱桥。

（6）大庄桥。位于和顺至大庄村前田坝中的大盈江上，为三孔石拱桥，可以通行汽车。

2. 塔

一个村落，假如附近的山峦中没有如毛笔状的山峰，据说对文人科举不利。筑塔的作用在于弥补当地文峰低下的不足，扭转对文人不利的缺陷，当然也可以用文昌宫、魁星阁等高大建筑代替。如《阳宅三要》中说："凡都省府厅州县，文人不利，不发科甲者，宜于甲、巽、丙、丁四字上，立一文笔塔，只要高过别山，即发科甲，或山上立文笔，或平地修高塔皆为文峰。"塔和文昌宫、魁星阁等三种建筑，在和顺乡均有，具体方位也大致符合书中所言，尤其是和顺文昌宫，与图书馆一道，并驾齐驱地位于和顺乡聚落的主入口处，非常醒目地向人们展示出和顺乡人历来重视教育学习的精神追求。

和顺乡文笔塔，位于和顺坝子西面的石头山东侧，建于火山熔岩之上，是乡人为科举高中而建的风水塔，传说建于清道光年间。

双虹桥左桥圆拱门坊

双虹桥右桥圆拱门坊

双虹桥景观

跃井桥

张家坡石板桥

捷报桥

文笔塔塔身为方形实心，共五层，逐层递缩，建于方形的塔基上，所用材料全部为火山石砌筑。现塔身顶层残破，塔残高约7米，塔身最上层与最下层东侧各设有一龛。

在和顺乡主村落及田坝的大部分地方，都可以看到这座借助于佛教外形作表征，寄托文运昌盛、登科及第愿望的文笔塔，从而构成一方引人注目的人文景观。

3. 凉亭

凉亭位于和顺乡进城的乡间小路上，距离和顺乡入口双虹桥处约半里许，曾是乡里人过往迎送，出入休息之所。凉亭为穿斗式歇山顶，屋檐翘曲柔和，庄重古朴。凉亭四角有宽厚的墙墩，门洞从两山面出入，另外两边则设置木凳美人座靠，在亭内闲坐歇息之余，仍可观看田园风光，且不受日晒雨淋。除此实用功能外，凉亭还作为进入和顺坝子的一个独特的景观标志建筑物（水口建筑），起到了地界外围空间标志及多种象征作用。尽管凉亭有些破损，歪斜，但它古老的身躯却是和顺乡人生活、居住文化的历史见证，其间曾记录了发生在亭内的多少离别伤感的故事情怀。以前，乡里乡外人进出时必从亭内经过，在第一次扩宽乡路时，出于对它的尊重与呵护，行车的道路还是谦让地从其旁边绕过，而今再次扩路时，却不顾其所承载的诸多历史文化信息，草率而粗鲁的拆除，实为可惜。即便将来再模仿重建，也难以再现其纯朴原貌和恢复精神方面的诸多损失，现只能面对图片遗照来凭吊，悲哉！惜哉！

4. 和顺乡村落水井、洗衣亭分布

在和顺乡聚落外弯弯曲曲绕村流淌而过的陷河上，零散地在一些巷口对面河边，设立有一座座古朴、美丽的洗衣亭，形成河顺又一道独特的风景线。亭上飞檐瓦顶，亭下有四面围合的光滑石栏、石板，清清的河水从石板下淌过，鱼儿在亭柱下悠游。这些洗衣亭可说是出门的和顺男子们专门为在家的女人修造的“公益”[①]，为女人们每日洗衣、洗菜、淘米时遮风挡雨，蔽日乘凉。它像男人宽厚的胸膛，总想为女人遮风挡雨，总想全部装下女人娇弱的委屈，走入洗衣亭就像走进出门男人的心，在默默无言的空间中去感受一份温婉的体贴和化骨的柔情。

（1）龙潭洗衣亭。位于元龙阁龙潭一角，六柱穿斗式歇山顶，四边屋檐平直，檐口用筒板瓦走边。建于1933年，为乡人李生泽捐资所建。

① 王洪波、何真：《百年绝唱——一部早年云南山里人的“出国必读”》，载《山茶·人文地理杂志》，1999年6期。

文笔塔

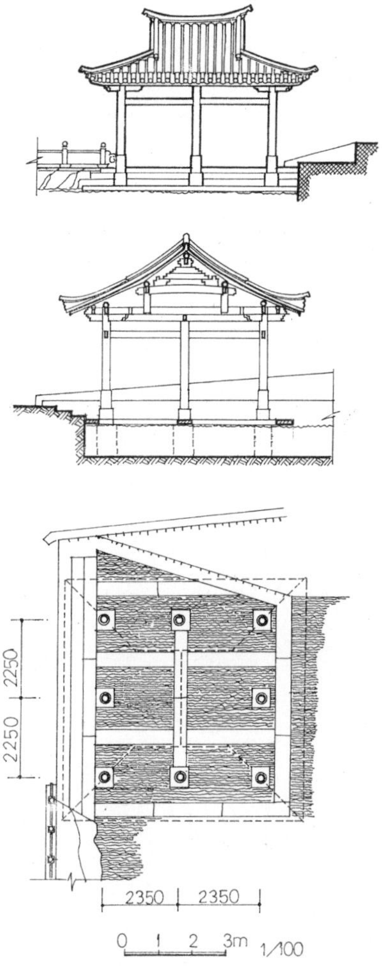

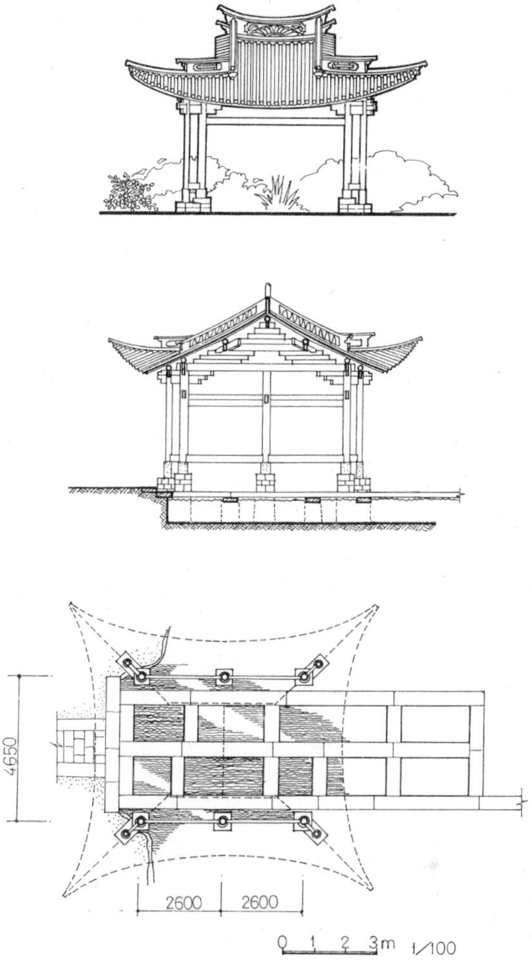

水碓村龙潭洗衣亭

尹家坡脚东面洗衣亭

（2）尹家坡洗衣亭。位于东面尹家坡坡脚陷河边，为六柱穿斗式歇山顶，屋檐飞远翘曲，形体端庄秀丽，透空花脊呈柔和曲线。建于1951年春。

（3）寸家湾洗衣亭。位于寸家湾月台附近陷河边，八柱穿斗式四坡卷棚顶，出檐舒展深远，由山面进出，亭下方塘条石可延至对岸。建于1935年，为乡人寸必美捐资所建。

（4）李家巷洗衣亭。位于李家巷月台附近河边，八柱抬梁式双坡瓦顶，立柱用石块砌成，收分很大，亭内还设锅灶台，用于杀洗牲畜，建于1933年。

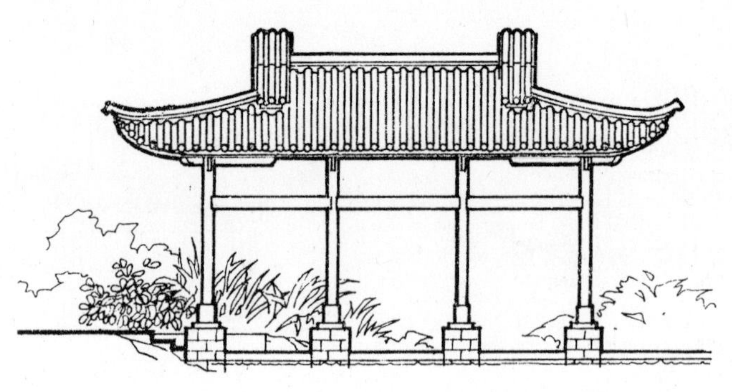

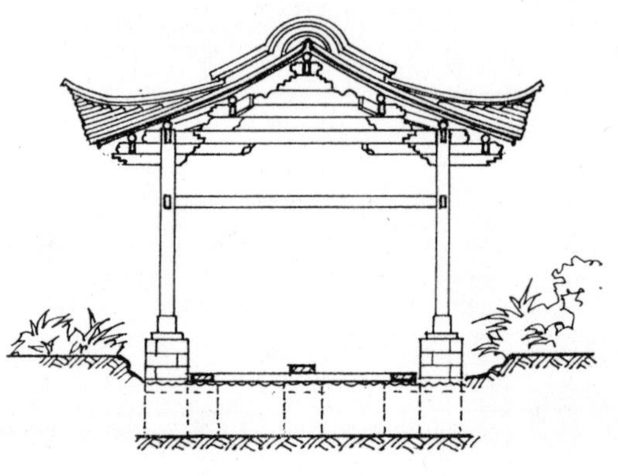

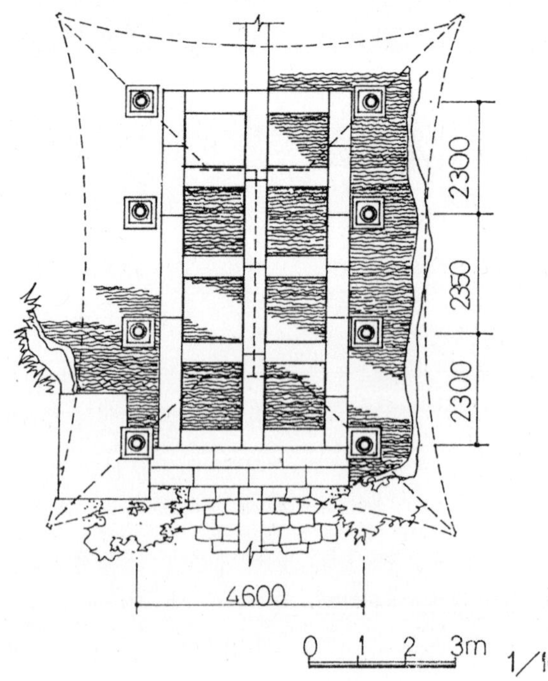

寸家湾洗衣亭

尹家坡脚洗衣亭速写　顾奇伟绘

（5）大石巷洗衣亭。位于大石巷巷道延长线河边，抬梁式双坡瓦顶，两山砌筑墙体，立柱用石块砌成，建于民国初年。

（6）大尹家巷洗衣亭。位于大尹家巷巷道延长线河边，旁有石拱桥一座。八柱抬梁式双坡瓦顶 ，洗衣亭两山设有石板围栏，设石阶数级至河水边的条石方塘，为乡人寸长泰捐资所建，建于1962年。

另外，还有新近所建的两个亭子，一个是纪念寸树声（字雨洲）先生的“雨洲亭”，坐落在和顺双虹桥前面的荷花池中，黄色琉璃瓦顶六角形亭子。亭子的造型与建材似乎和村落主体建筑不太协调；另一个是修建于和顺水碓村龙潭之中的石亭子，也是六角形平面。尽管此亭体量不大，但是从景观环境角度分析来看，该亭在元龙阁这一优美的环境中，纯属多余，甚至有破坏景观环境之嫌，且诸多有识之士看过后皆言，该亭子如钉子般正好扎在“龙眼”之中。其实，即便该亭再有多重大的纪念意义，真要建在元龙阁龙潭附近，还是可以找到更合适的地点的，完全没有必要修建在本就不大而且十分幽静、完美的龙潭之中。

此外，还在张家坡磨房石拱桥边，双虹桥东侧及两洗衣亭之间，设有多处条石围成的方塘，也作为就近居民露天的洗衣、洗菜处，或是儿童戏水游玩处。

（三）关于门、坊、月台之类

1. 门

风水对此类建筑物特别重视，把它们作为导引生气、避邪祛凶的关键。门和桥的深层意义基本上是相同的，它们在不牺牲自身空间运用便利

从双虹桥下看李家巷洗衣亭

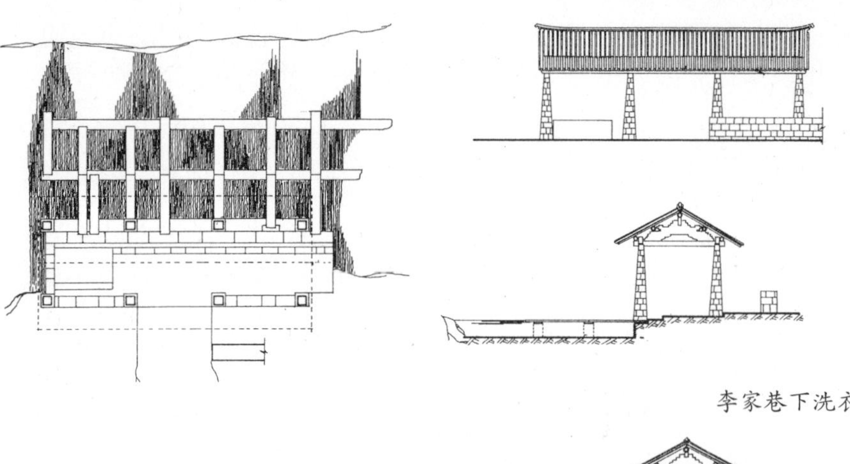

李家巷下洗衣亭

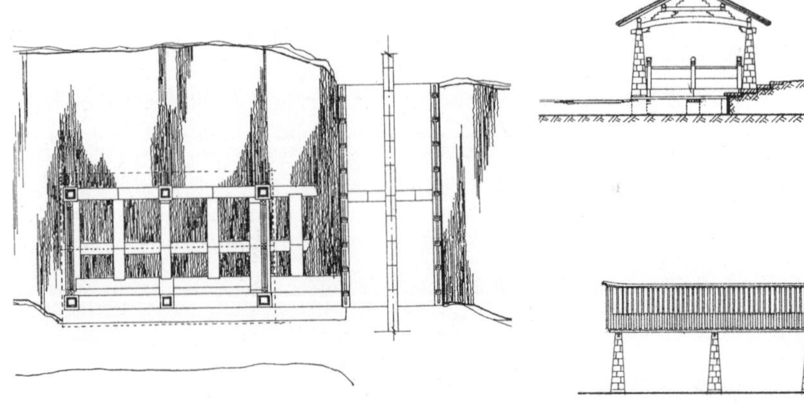

大尹家巷下洗衣亭

性的同时，实现空间上的围护与隔离。而设计在村口、巷口的门楼、牌坊、月台、照壁及桥，则是对领地的声明和捍域行为的物化形式，照壁的功能与风水结构中之朝山、案山是相同的，它使外来者对一个不知虚实的庇护所不敢贸然进犯。

2. 牌坊

牌坊本来就是一道特殊的门，一道牌坊可以将人带进文化历史里，可以打开不同性质空间的大门。

一座牌坊，可以打开一个社区，一座寺观景，一座陵墓，一座庄院，一所学校，一个著名的风景，甚至一座山的门。牌坊可以为一个动人的故事、一段忠义的事迹而设，也可为某一大型的庆典临时建造。有时会因时节、为环境或建筑物加添新衣，有时又会单单为表扬一个妇女的贞节淑德而大肆铺张。斯门也，无处不开。

在中国传统社会里，牌坊基本分为两类，一类是功德牌坊，另一类是道德牌坊。

通常牌坊是作为昭示家族美德或功业而独立存在的建筑，但在有些情况下，它是祠堂的附属建筑。牌坊的祭祖功能虽远不及祠堂明显，但它却体现着家族先人的道德境界或丰功伟业，是家族血脉高贵的物证。

3. 月台

月台是和顺乡村落边界独具景观特色及人性空间意味的标志性景观形态。不论其大小、形状如何，每个月台都兼具有观景、聚集、闲谈、游玩、晾晒、交通缓冲、空间转换、景观标示以及风水意象等等多种功能。有些月台还专门设置照壁，或种植树木于月台中，其种种设置皆为村中人的日常生活活动需要而考虑。

4. 和顺乡村落闾门、牌坊分布

从东边水碓村起，到西边的鳌峰寺魁阁，分布在和顺乡聚落的闾门牌坊共有23个，其造型多种多样，多数设置在巷头和巷尾，与月台一道成为和顺乡聚落的景观标志。

（1）水碓村闾门。位于水碓村李家巷口，一字形，石构方门，上有“俗美风淳”石刻，门后有木构单坡瓦顶门房。

（2）元龙阁门坊。位于元龙阁山门前龙潭边上，三叠水式，石构圆拱门，上书“隔凡”石刻，为进入元龙阁的标志。

（3）“登龙”、“望凤”门坊。位于李氏宗祠大门前月台两侧，左为“登龙”坊，右为“望凤”坊，一字形，石构方门。

（4）尹家坡闾门。位于尹家坡东面巷口，前有大树一棵和不同方位的

水碓村李家巷“俗美风淳”闾门

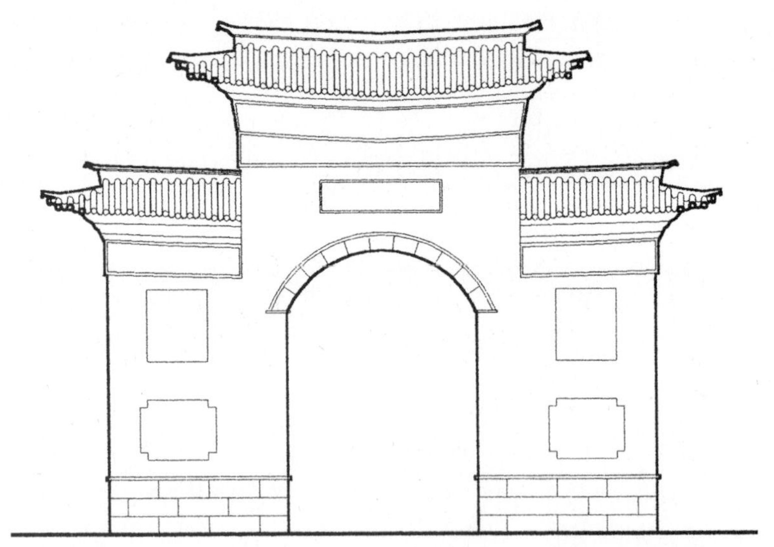

元龙阁“隔凡”门坊立面

石阶踏步十余级，共同构成一个视觉景点。闾门东侧紧接月台，居高临下，造型优美，三叠水式，石构圆拱门。

（5）刘家巷闾门。位于十字路村上村染房坡中段刘家巷口。木构双坡瓦屋面方门，门前设小型照壁一块，与染房坡道路走向形成转折，相对隐蔽。

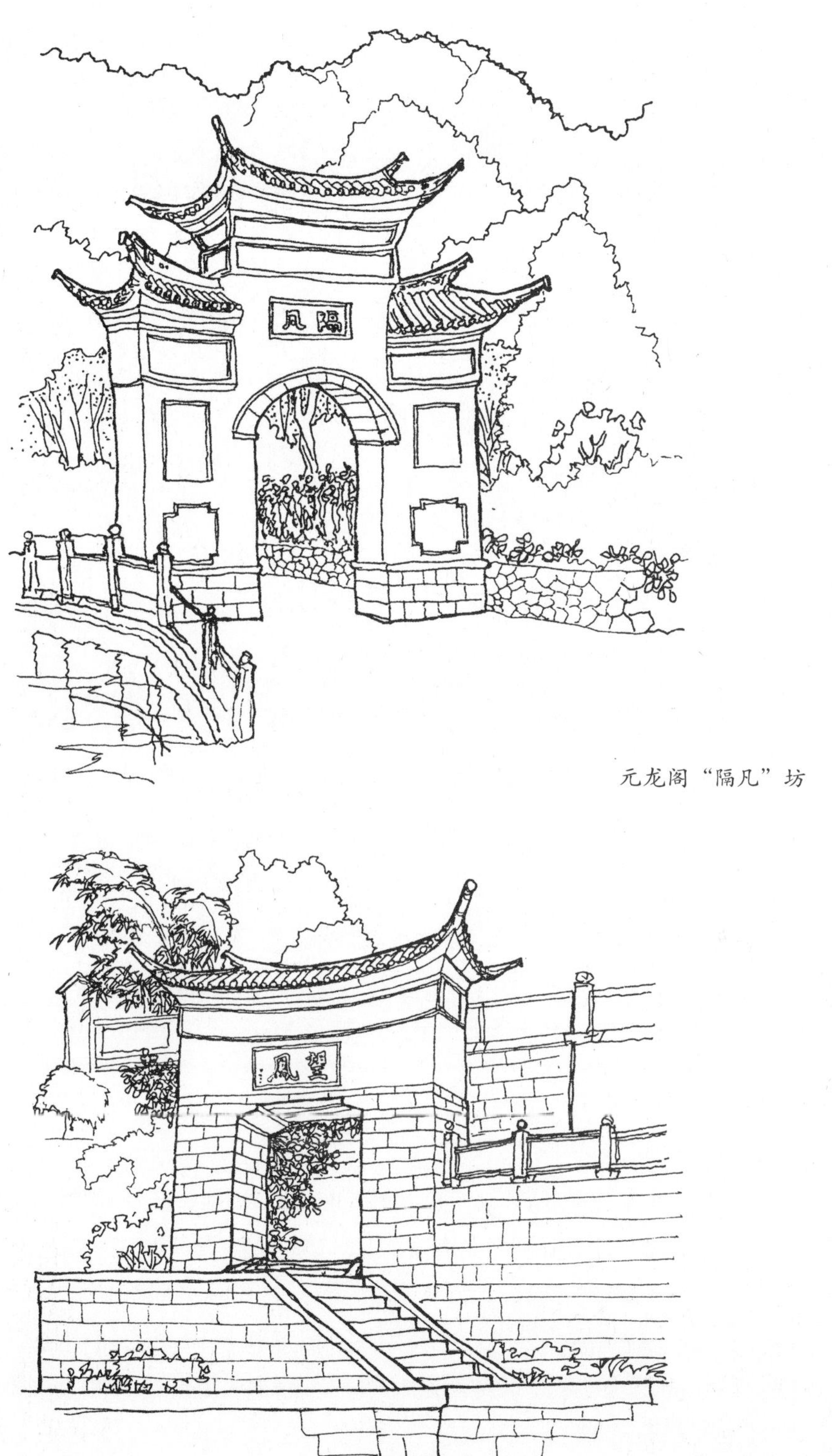

元龙阁“隔凡”坊

李氏宗祠“望凤”坊

尹家坡闾门

（6）寸家巷闾门。位于染房坡西段，木构双坡瓦屋面方门。寸家巷也叫举人巷，曾出过举人寸信安，原门额上挂有一块“文魁”匾牌。

（7）双虹桥门坊。位于和顺乡聚落主入口“双虹桥”后，两桥左右各设一道，高宽略有不同，与圆拱桥相互映衬，成为村口主要的标志景观。门坊为三叠水式，石构圆拱门，左边门坊上前书“鸢飞鱼躍”，后书“文治光昌”石刻。

（8）双虹桥前牌坊。位于双虹桥前，左右各置一道（靠图书馆一侧为百岁坊，另一侧为节孝坊）。均是四柱式石构乌头门牌坊，“文革”中被毁。

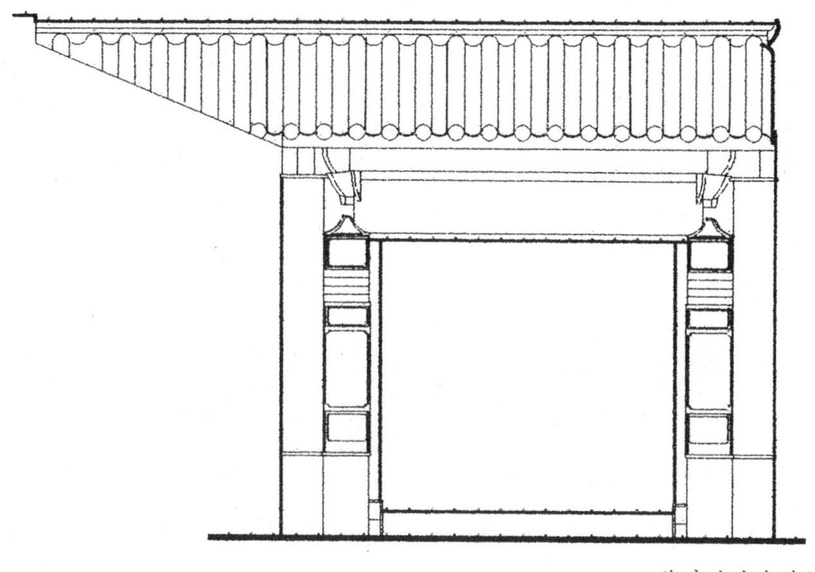

染房坡寸家巷闾门立面

寸家巷闾门

（9）高台子闾门。位于高台子巷口。木构双坡瓦屋面方门，门旁两边有少许侧墙过渡，高处紧接月台，门额上书“说礼敦诗”。

（10）李家巷闾门。位于李家巷口，两端各设一道。上端为三叠水式，石构圆拱门，门额上书“兴仁讲让”石刻，门后有单坡瓦屋面偏厦；下端（靠环村道月台处）为木构双坡瓦屋方门，门额上书“景物和熙”。

高台子“说礼敦诗”坊

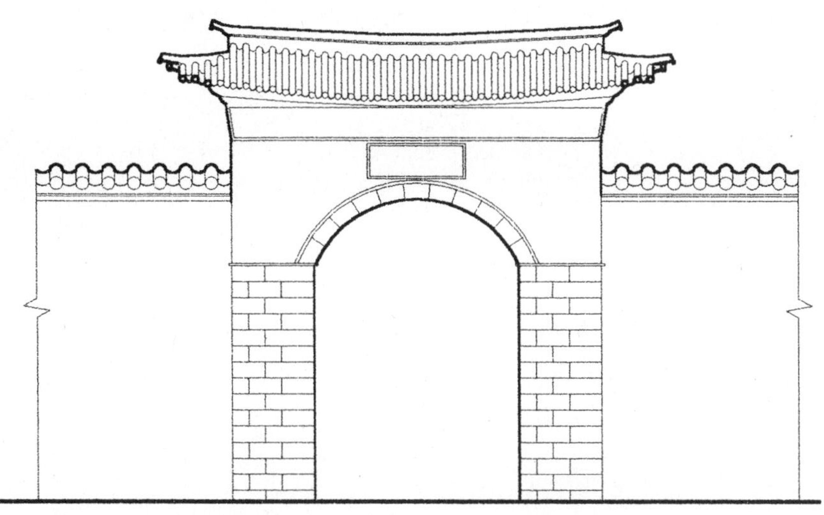

李家巷上端“光仁讲让”闾门立面

环村道李宅圆拱门

乡人李景山曾题诗：“讲让兴仁同墩古处，家弦户颂共乐春台。”

（11）黄果树闾门。位于黄果树巷口，木构双坡瓦屋面方门，上书“人物咸熙。”

（12）大石巷牌坊。位于大石巷巷口，为三开间牌楼式木构大门，歇山式瓦屋面，门上挂匾“彤管扬徽”。两边有八字形围墙过渡展开，墙上

李家巷下端的“景物和煦”闾门

各嵌有碑刻三块。

（13）赵家巷闾门。位于赵家巷口，木构双坡瓦屋面方门，门向与巷道走向转了近45° 角，于门口可以看到狭窄巷道内造型丰富的民居外墙局部轮廓，引人入胜。门额上挂有“道义同敦”匾牌。有联云：“瓦屋三间宜父老，云程万里俟儿郎。”

（14）小尹家巷闾门。位于小尹家巷口，木构双坡瓦屋面方门，门额

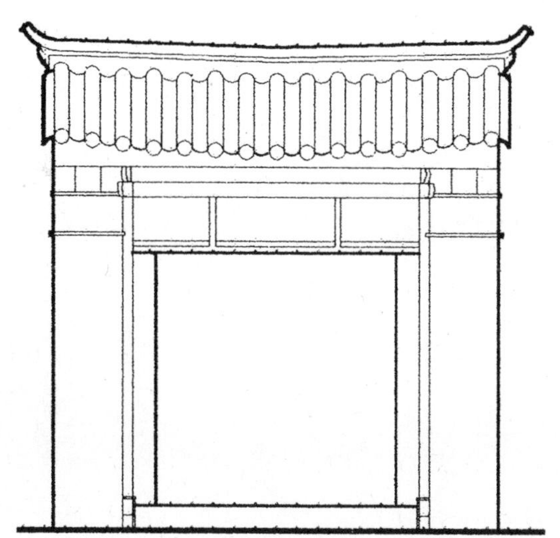

赵家巷“道义同敦”闾门立面

赵家巷“道义同敦”闾门

小尹家巷“霞辉聚瑞”闾门

小尹家巷“霞辉聚瑞”闾门

上挂有“霞辉聚瑞 ”匾牌，门两边联云：“勤耕爱读闾风远，聚德培材世泽长。”

（15）大尹家巷闾门。位于大尹家巷口，上、下两端各设一道。上端为三叠水式石构圆拱门，门额上书“兴仁弘德”石刻，门后设单坡瓦屋披厦门房。下端为洋风式石构圆拱门，门头装饰较为复杂，门额上书“古处同敦”石刻，两边门联：“比屋同享周官六德行，斯闾特秀胜国两孝廉”（张虚谷题）。门后设重檐双坡披厦门房。

大尹家巷上瑞“兴仁弘德”闾门立面

大尹家巷“古处同敦”闾门

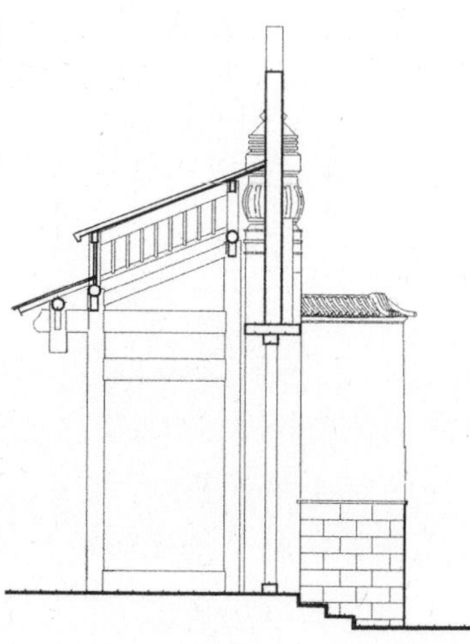

大尹家巷下端“古处同敦”闾门立面、剖面

尹氏宗祠大门

举人巷间门，门前有两棵红豆杉

（16）举人巷间门。位于大尹家巷口上端与十字路东西向巷道交口附近的举人巷口，木构双坡瓦屋面方门，尺度较大，门两边有八字形围墙过渡，门前有小圆弧形平台，石栏围护，台上对称种植红豆杉树两株。门后不远处正中设照壁墙一道。

中国乡村传统社区中最具有人性意味的月台，其兼有观景、聚会、交往、闲谈等多种功能

刘家巷闾门前小照壁

和顺赵家月台

（17）贾家坝百岁坊。位于贾家坝贾学林宅巷道口，木构两柱牌坊。“文革”中被毁。

（18）张氏牌坊。位于张家坡张砺宅前巷口，石构两柱牌坊，“文革”中被毁。

（19）魁阁门坊。位于至石头山鳌峰寺魁阁的路上，坐落于跨越大盈江的三孔石拱桥桥头，为八面风折线形五段式组合的石构圆拱门。作为进入魁阁的地界标志，门额上镶有“洞协天真”四字石刻。距此门坊数十米远处还有另一道门坊，为一字形石构方门，门上也镶有“青锁”二字石刻。

5. 和顺乡村落月台分布

从东边元龙阁起，至西边的张家坡，沿和顺乡环村道上大大小小分别设置有不同形状的月台共22个，其中，有3个带有照壁，这些月台或于巷口，或于祠前，各自展现出彼此相同或不同的风貌特征。

（1）龙潭大月台。位于元龙阁龙潭前，圆弧形，石栏围护。台上有粗大盘根、枝繁叶茂的香樟树和大青树各一株，像两把大伞一样，将整个月台笼罩在其树荫底下，是乘凉、观景的好地方。

（2）李氏宗祠门前大月台。位于环村道旁高坡之上，方形是宗祠门前的停留过渡平台，有石栏围护。

（3）刘氏宗祠月台。位于刘氏宗祠大门前，圆弧形石栏围护，是跨过荷池上的石拱桥之后，进入祠堂大门前的过渡空间。

（4）尹家坡月台。位于环村道旁，尹家坡闾门东侧，呈扇形，月台在坡地高处，东南面有平房，要从环村道上十余级台阶经过闾门后才能到达，有石栏围护，常做附近居民的晒场和活动场所。

（5）赵家月台。位于赵姓宅前正对巷口环村道的下侧，圆弧形，石栏围护。月台带有三叠水式照壁，照壁下置石凳，常为老人晒太阳、儿童玩耍之地，月台旁还有古树一株。

（6）上村月台。位于和顺上村寸家湾环村道下侧的三角地带，呈扇形，有石栏围护，为村中月台较大者。月台地面比道路低，台边正中带有三叠水式大照壁，建于1922年。后在照壁前又加建单坡顶卡房，用于站岗守夜，平时做白话堂。以前每年春节玩灯等民间活动就在这里进行，收割时节做晒场使用。现卡房用作日杂小卖铺。

（7）大桥月台。位于和顺图书馆东侧大桥巷与环村道路交叉口下侧，圆弧形，无石栏。

（8）汉景殿月台。位于和顺图书馆大门前，呈不规则形，石栏围护，在环村道上边。

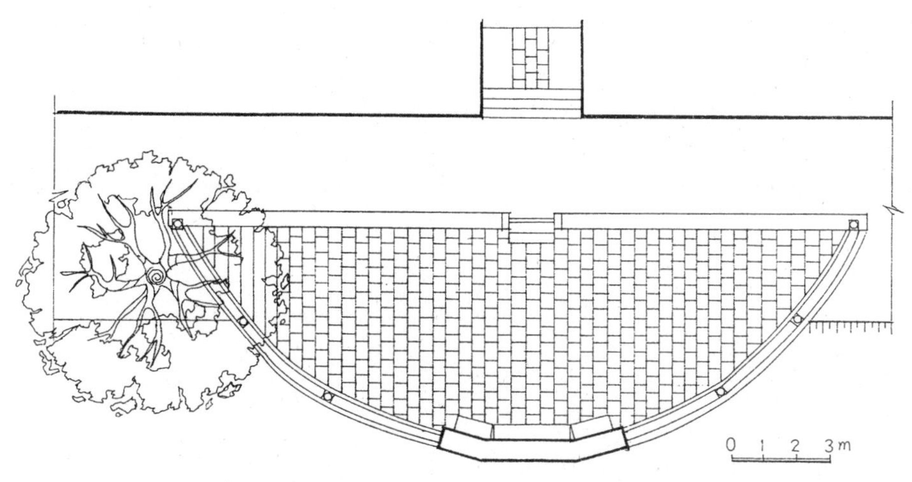

赵家月台平面，带三叠水照壁

赵家月台带三叠水照壁

（9）文昌宫月台。位于文昌宫大门前，环村道上边，与汉景殿月台相连，圆弧形，石栏围护。

（10）高台子月台。位于环村道上边，高台子闾门东侧，月台高度接近闾门边侧墙檐口。

（11）李家巷月台。位于李家巷闾门前环村道下侧，扇形，石栏围护。台中有大青树一株，圆形石桌一个，方形石桌两个，石凳数个，是村中造型完美、观景效果最好的一个月台。

（12）黄果树月台。位于黄果树巷口，环村道下侧，不规则圆弧形，

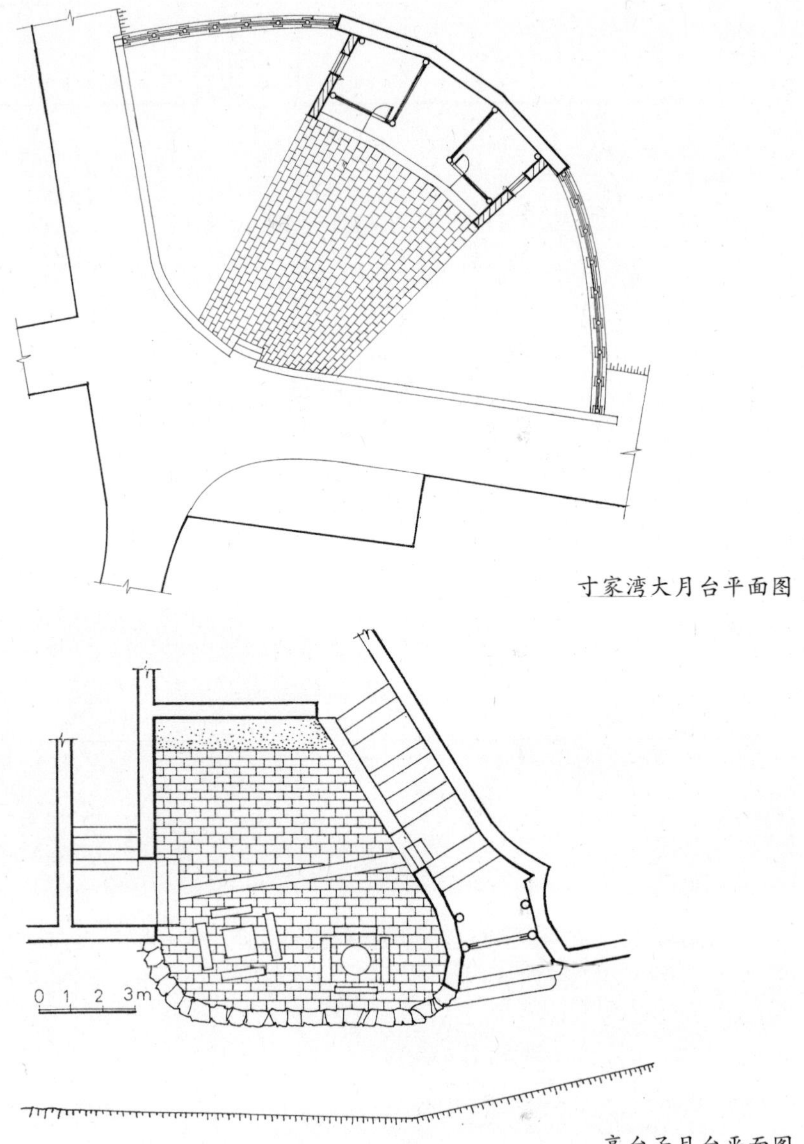

寸家湾大月台平面图

高台子月台平面图

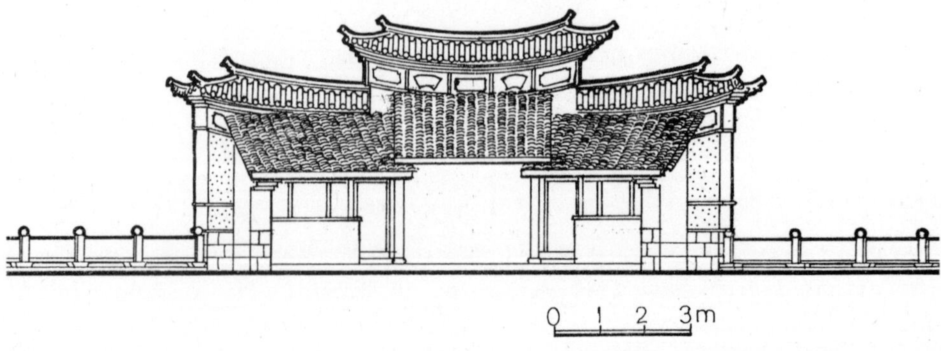

寸家湾大月台长房及照壁立面图

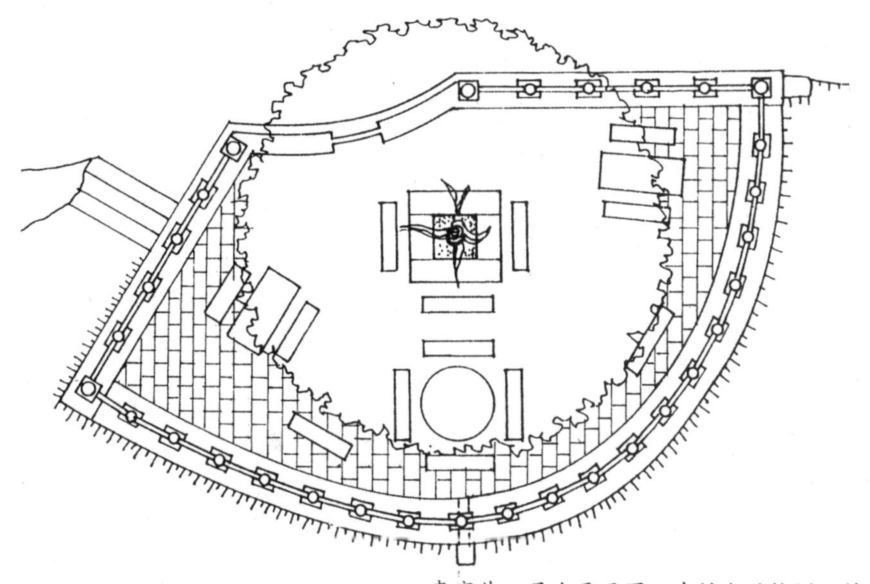

李家巷口月台平面图，中植大叶榕树一株

寸家湾月台，带有三叠水照壁，壁前有单坡长房

石栏围护，台中有枝繁叶茂的老黄果树一株。

（13）寸家月台。位于寸尊福宅前环村道之下，不规则方形。

（14）寸氏宗祠月台。位于寸氏宗祠大门前，环村道之下，半圆形，石栏围护，常为村民晒场和学生活动玩耍之地。

（15）赵家巷月台。位于赵家巷闾门前，环村道之下。

（16）小尹家巷月台。位于小尹家巷闾门前环村道之下，方形，为新近恢复修建。

（17）张宝廷宅前月台。位于贾家坝张宝廷家宅大门前环村路边，半圆形，建有三叠水式照壁，石栏围护。

（18）贾学林宅前巷口月台。位于贾家坝贾学林宅前巷道与环村道交叉口路边，中置方台一座，台中种古柏一棵，月台正对巷道。巷道口附近原建有百岁坊一座，“文革”中被拆毁，现仅剩几块残石。

（19）贾氏宗祠月台。位于贾氏宗祠大门前环村道边，半圆形，有石栏围护。

（20）贾宅大月台。位于贾宅前环村道之上的缓坡地，圆弧形。

（21）张氏宗祠月台。位于和顺张家坡张氏宗祠大门前，环村道之上，扇形，石栏围护，居中对称种植有香樟树两株。

（22）张氏月台。位于张家坡张砺宅前巷口，环村道下侧，半圆形，石栏围护，月台外围为大荷花塘。张砺宅前巷口原建有石牌坊一座，“文革”中被拆毁，现仅存残柱及石座基。

（23）钏氏宗祠月台。位于和顺乡大庄村钏氏宗祠大门前，环村道边上，半圆形，石栏围护，月台前面建有一大圆形荷塘。

（24）东山脚月台。位于和顺乡东山脚村前，环村道边上，半圆形，石栏围护，月台前面建有三叠水式照壁。

结束语

什么是理想的聚居模式？什么是温馨宜人的生活家园？什么是可持续发展的人居环境？也许，和顺乡使我们得到了一个答案，给我们作出了一种示范。

人们聚居的最终目的，是要满足内部居民和该聚落所服务地区其他人的需要，尤其是要满足有关人类幸福与安全生活的需要。经验分析表明，一个社会能够在一个地方长期存在的必要条件是保持同样的生态平衡，这种平衡是通过在同一个地方建立各种不同的利用类型来获得的。

作为一种聚落形态或一种生存方式，和顺乡所展示给我们的是中原移民和当地原住民族自屯兵戍边伊始，至后代不断营建这一生存环境的历史画卷。受各个时代、多种因素的约束和限制所形成、发展和完善的和顺乡聚落环境，以其独特、鲜明的格局、风貌和个性特征，反映出和顺先人在认识自然、利用自然、改造自然满足自己生存、发展历史进程中所作的明智之举。顺应自然环境、维护良好的生态条件、有效地控制聚落环境人口容量、重视教育、发扬优良传统等等，这样才能真正获得一个可持续发展的居住生活环境。

和顺，真切地体现了来自不同地方的人们“和谐生活，顺应自然；和睦相处，顺乎情理”的生活真谛。

随着边疆旅游经济的发展，各部门、各渠道进一步的宣传，曾经有过辉煌历史时期的和顺乡，在经过很长一段时期的沉寂之后，其优美的生态环境、田园风光和丰厚的文化底蕴又将重放异彩，广为世人所知。如何抓住这千载难逢的历史机遇，借鉴前人的经验，努力寻求新的生长点，再创和顺历史的新高峰，是乡人和社会各阶层人士所共同面临的时代选择，相信和顺明天会更好。

后　记

对和顺乡的接触了解由来已久。从学生时代每次到乡中游玩开始，到真正投入对它的关注、调查，其感受是截然不同的。作为距离腾冲县城仅有四公里的和顺乡，多年来一直是城里人节假日闲游、踏春的好去处，特别是中秋节、春节，在幽静、弯曲的乡村小道上，到处人头攒动，成群结队的游客来来往往，鞭炮声此起彼伏，人们在款款而谈或是阵阵欢笑声中，享受着优美的环境所带来的愉悦，这是一个不争的事实。而在对村中双虹桥、图书馆、元龙阁、艾思奇故居、石头山魁阁等众多公共建筑的布局之巧妙、建造之精美的感叹之余，恐怕在人们心目中印象最深的，还是那一幢幢充满自然韵味和书香气息的高墙大院。它仿佛就像是一种范本，为乡里人或是城里人展示出一旦有钱建房时所追求和模仿的榜样。而且在日常生活中也常听上辈人讲，某某家的子女如何能干，盖的房子是如何如何的宽敞，飞檐翘角的，有多少棵柱子落地（表示建盖的规模），石头又打磨得多么光滑，照壁装点得多么文雅好看，语气中无不透露出一种推崇、一种愿望，无形之中激励着后代子孙以此为奋斗目标。

早年所听到的或看到的许多和顺乡的奇闻轶事，或某姓人家的发家史，多半是些零散的片段。尽管也有机会多次走进居住在和顺乡聚落的同学和老师家中，为其家中房屋门窗做工的考究、院落环境布置的精美、老式家具的独特所感动，但那时获得的是一种直观的、朦胧的感受，知道是好，在腾冲城里自己熟悉的街巷中也很少见，但要具体表述好在哪里，也常常脱不了诸如“房子大、用料好、纯楸木、古色古香、有钱”等为数不多的一些赞美之言。而今，随着知识的增长和多年来对全省各地方民居建筑的探索与体验，加上还有专门的课题研究支持，才得以对和顺乡聚落环境及其传统建筑文化做一个全面的了解，使多年来一直寻找的答案有了一个明确的注解。

对和顺乡的全面关注和研究，缘起于1998年国家自然科学基金重点资助项目——“可持续发展的中国人居环境的基本理论与典型范例研究”（清华大学建筑学院吴良镛院士和原云南工业大学建筑学系蒋高宸教授分项主持）和美国福特基金会资助项目——“云南民族文化生态村的保护与发展研究”（云南大学尹绍亭教授主持）。两个项目的研究对象均将和顺乡确定为其中之一。为此，还专门由腾冲文物管理所有关人员出面组织，成立了“可持续发展的中国人居环境和顺研究室”以及“和顺乡文化生态村工作站”，为后续的相关研究工作的正常开展打下了良好的基础。

笔者作为两个课题项目研究的主要参与者，虽非和顺本乡人，却自小生长于腾冲城内，多少知晓一些本地乡俗习惯和文化背景。结合自己所学的专业知识和前期研究工作的体验积累，将和顺乡现存的物质环境、建筑空间形态及其所涉及的部分历史文化背景客观地呈现在广大读者面前，理当责无旁贷。一方面，为宣传家乡传统建筑文化精粹尽一份力；另一方面，也把我们近几年来对和顺的研究所得做个汇报总结。是故，研究之初就积极配合各有关部门和不同的研究人员，深入调查，走街串巷，去发掘和顺乡丰富多彩的建筑空间、环境和潜藏于这些物质载体背后的深刻文化的内涵。

与此同时，笔者也曾多次带领本系建筑学专业的部分本科生、研究生，到乡里的许多住家进行了大量的实地测绘，从专业技术的角度，更加详细地掌握、了解和顺乡的居住环境和建构技术、艺术所具有的独特能力。

回想起每次到和顺乡的调查走访，每次都有新的发现、新的收获，也深为其悠久的历史和丰厚的文化底蕴所折服，即便在将完稿之时，仍觉得还有许多地方仍旧说不完、道不尽，也感到无法说完全。

所谓仁者见仁，智者见智。书中内容除了表述笔者现阶段粗浅的体验和认识外，以期通过各种资料、图片提供更多的信息内容（包括考古的、乡俗的，或收录编写的民间劝世歌谣等），力求把一个客观的、真实的和顺展现在读者面前，让读者沿着各个信息角度去感悟和顺所包容的方方面面。

本书的前三章历史部分由李正撰写，他还收集、整理了相关历史资料，并对其进行详细校注。第八、第九两章的部分内容也由李正补充完善。

作为课题研究工作的阶段性成果——《历史和顺》、《环境和顺》、《人居和顺》书稿得以完成，离不开各个方面的支持和帮助。首先感谢国家自然科学基金委多年来一直对本建筑学系课题研究组的支持，使我们有机会对可持续发展的人居环境进行多角度、多层面的深入研究。尽管在本书的写作过程中也常到感力不从心，却得到课题负责人蒋高宸教授时时的鼓励与鞭策，启发引导，在此特别感谢。

本书的合著者、腾冲县文物管理所所长李正先生，从合作研究一开始便投入了极大的热情，其人虽已年过半百，但仍在承担繁重的本职工作之余，不辞劳苦，无数次地进出、奔波于和顺乡的大街小巷，拍摄了大量的图片资料，为丰富本书的内容打下了良好的基础。同时，除了完成所承担章节的写作任务外，对历史资料的收集、校注投入大量精力，也在多次的

交流讨论中，不吝赐教，对部分章节内容提出了好的修改建议。李正先生治学严谨，在书稿撰写过程中对所涉及的相关历史、人物、事件皆多方设法求取各种史料进行认真考证，为了使书中叙述和反映的内容信息真实、客观，而非人云亦云，仅对书稿就曾多次易改。

参与实地测绘工作的本系学生有侯福旺、孙晔、陈倩、张鹤、谢辉、刘君琳、江莹涛、陈颖、陆韫、张知霏、聂隽、蒋峰、赵庆华、蔡磊，研究生万谦、陈晓恬、李晓丹和腾冲文管所的段生成，特别是研究生万谦同学，在图纸绘制工作的后续整理中做了大量的工作。另外，参与绘图及其他工作的还有同事胡云昆、黄盛茂，研究生胡炜、罗文海。

在多次的现场调研测绘工作中，得到了和顺乡政府有关领导和相关人员的支持与帮助。特别是在对和顺乡聚落整体环境现状图的测绘中，腾冲县与和顺乡政府的主管部门都给予了相应的经费支持。张文斌及其测绘组人员，在经费较少的情况下，不计个人报酬，按时提交了和顺主体村落的现状测绘图，为和顺乡聚落环境研究的整体分析起了很大作用，在此一并表示感谢。

最后还要说一下的是，研究工作虽然已告一段落，但常有某种潜在的担心，就是目前乡里发展劲头很足，正在大力组织各种开发建设和环境治理，力图一改过去很长一段时期内沉寂，变化较少、较慢的局面，而且力度很大。比如原双虹桥前早期建盖的一些有碍于聚落景观的建筑先后被拆除，一些街巷重新铺建等，这无疑为该乡的居住环境锦上添花。但也有一些不好的势头伴随出现，比如与聚落环境形态、尺度不相协调的宽大马路及两侧商铺的修建，原有凉亭（入乡前的标志性建筑）被拆除，个别私家自己建盖的房屋与周围整体风貌极不协调等。对此，笔者担心如果没有认真地审视自己独具的环境特色、分析某项举措一旦实施所带来的长远利弊时，最好还是“悠着点”。这么多年也熬过来了，又何必争一时之利。也许眼前短时的、泡沫似的虚幻繁荣，会为后代埋下难以言状的苦果，这方面我们还是应该多向古人学习，谨慎为之。毕竟这是经过了历史检验的，但愿上述这些担心都是多余的。

俗话说，好事多磨，本书的出版，原可更早一些，甚或可伴随着2005年和顺被评为全国十大“魅力名镇”之首的时间与读者见面，也许更有意思。延至今日，其中有些波折，也未尝不好，使得本书从封面装帧、版面设计到书中的内容、图片资料更加完美，当然，这中间离不开对本书给予关注、付出与投入的所有相关人士，在此深表感谢。

杨大禹

2006年8月于昆明理工大学

图书在版编目(CIP)数据

人居和顺/杨大禹，李正著. —昆明：云南大学出版社，2006
（中国最具魅力名镇和顺研究丛书/熊清华，蒋高宸主编）
ISBN 7-81112-196-4

Ⅰ.人… Ⅱ.①杨… ②李… Ⅲ.乡镇—建筑艺术—研究—腾冲县 Ⅳ.TU-862

中国版本图书馆CIP数据核字（2006）第109251号

中国最具魅力名镇和顺研究丛书

人居和顺

主　　编：熊清华　蒋高宸
作　　者：杨大禹　李　正

责任编辑：周永坤　丁群亚
责任校对：何传玉
技术制作：薛　峥
出版发行：云南大学出版社
印　　装：昆明美盈彩印包装有限公司
开　　本：850mm×1168mm　1/16
印　　张：25.25
字　　数：440千
版　　次：2006年9月第1版
印　　次：2006年9月第1次印刷
书　　号：ISBN 7-81112-196-4/K·219
定　　价：120.00元（三册）

地　　址：云南省昆明市一二·一大街云南大学英华园（邮编：650091）
电　　话：(0871) 5031071　5033244
网　　址：http://www.ynup.com
E-mail：market@ynup.com